U0336634

高职高专院校咖啡师专业系列教材编写委员会

主任兼主审：

张岳恒　广东创新科技职业学院院长、管理学博士，二级教授，博士研究生导师，1993 年起享受国务院特殊津贴专家

副主任兼主编：

李灿佳　广东创新科技职业学院副院长、广东省咖啡行业协会筹备组长，曾任硕士研究生导师、省督学

委　员：

谭宏业　广东创新科技职业学院经管系主任、教授

丘学鑫　香港福标精品咖啡学院院长、东莞市金卡比食品贸易有限公司董事长、国家职业咖啡师考评员、职业咖啡师专家组成员、SCAA 咖啡品质鉴定师、金杯大师、烘焙大师

吴永惠　（中国台湾）国家职业咖啡讲师、考评员，国际咖啡师实训指导导师，粤港澳拉花比赛评委，国际 WBC 广州赛区评委，IIAC 意大利咖啡品鉴师，国际 SCAA 烘焙大师，国际 SCAA IDP 讲师，东莞市咖啡师职业技能大赛评委。从事咖啡事业 30 年，广州可卡咖啡食品公司总经理

邓艺明　深圳市九号咖啡餐饮管理有限公司总经理、广东东莞九号学院实业投资有限公司董事长、省咖啡师大赛评委、省咖啡师考评员、高级咖啡师

李伟慰　广东创新科技职业学院客座讲师、硕士研究生、广州市旅游商务职业学校旅游管理系教师、省咖啡师大赛评委、世界咖啡师大赛评委

李建忠　广东创新科技职业学院经管系教师、高级咖啡师、省咖啡师考评员、东莞市咖啡师技术能手

周妙贤　广东创新科技职业学院经管系教师、高级咖啡师、2014 年广东省咖啡师比赛一等奖获得者、广东省咖啡师技术能手、省咖啡师考评员

张海波　广东创新科技职业学院经管系讲师、硕士研究生、高级咖啡师、省咖啡师考评员

逯　铮　广东创新科技职业学院经管系讲师、硕士研究生、高级咖啡师、省咖啡师考评员

高职高专院校咖啡师专业系列教材

Coffee Making and Service

咖啡制作与服务

李伟慰　周妙贤　编著

暨南大學出版社
JINAN UNIVERSITY PRESS

中国·广州

图书在版编目（CIP）数据

咖啡制作与服务/李伟慰，周妙贤编著．—广州：暨南大学出版社，2015.8（2022.7 重印）
（高职高专院校咖啡师专业系列教材）
ISBN 978-7-5668-1492-0

Ⅰ.①咖… Ⅱ.①李…②周… Ⅲ.①咖啡—配制 Ⅳ.①TS273

中国版本图书馆 CIP 数据核字（2015）第 142298 号

咖啡制作与服务
KAFEI ZHIZUO YU FUWU
编著者：李伟慰　周妙贤

出 版 人：张晋升
责任编辑：潘雅琴　崔思远
责任校对：胡　芸　周优绚
责任印制：周一丹　郑玉婷

出版发行：暨南大学出版社（511443）
电　　话：总编室（8620）37332601
营销部（8620）37332680　37332681　37332682　37332683
传　　真：（8620）37332660（办公室）　37332684（营销部）
网　　址：http：//www.jnupress.com
排　　版：广州良弓广告有限公司
印　　刷：深圳市新联美术印刷有限公司
开　　本：787mm×960mm　1/16
印　　张：13
字　　数：246 千
版　　次：2015 年 8 月第 1 版
印　　次：2022 年 7 月第 8 次
印　　数：18001—20000 册
定　　价：49.80 元

总　序

改革开放以来，中国咖啡业进入了一个快速发展时期，成为中国经济发展的一个新的增长点。

今日的咖啡已经成为地球上仅次于石油的第二大交易品。咖啡在世界上的每一个角落都得到普及。中国咖啡业伴随着国内对世界的开放、经济的繁荣，得到迅速发展。星巴克（Starbucks）、咖世家（Costa）、麦咖啡（McCafe）、咖啡陪你（Caffebene）等众多世界连锁咖啡企业纷纷进驻中国的各大城市，已成为人们生活中必不可少的部分，咖啡文化愈演愈浓。

近十年来，咖啡行业在广东也得到迅猛的发展。广州咖啡馆的数量从最初的几十家发展到现在的一千多家，且还有上升的势头；具有一定规模的咖啡培训机构有数十家；咖啡供应商比比皆是。民间组织每年还不定期举办各类的咖啡讲座、展览会或技能比赛。享有“咖啡奥林匹克”美誉的世界百瑞斯塔（咖啡师）比赛（World Barista Championship，简称WBC）选择广州、东莞、深圳作为选拔赛区，旨在引领咖啡界的时尚潮流，推广咖啡文化，为专业咖啡师提供表演和竞技的舞台。

随着咖啡馆的不断增多，作为咖啡馆灵魂人物的“专业咖啡师”也日渐紧俏。咖啡馆、酒吧的老板们对高级专业咖啡师求贤若渴。但从市场的需求来看，咖啡师又处于紧缺的状态。据中国咖啡协会的资料显示，上海、广州、北京、成都等大中城市的咖啡师每年缺口约2万人。

顺应社会经济发展的需求，努力培养咖啡行业紧缺的咖啡师人才，是摆在高职高专院校面前的重要任务。广东创新科技职业学院精心组织了著名的教育界专家、优秀的咖啡专业教师、资深的咖啡行业专家一起编写了这套“高职高专院校咖啡师专业系列教材”，目的是解决高职高专院校开设咖啡师专业的教材问题；为咖啡企业培训咖啡人才提供所需的教材；为在职的咖啡从业人员提升自我、学习咖啡师相关知识提供自学读本。

本系列教材强调以工作任务带动教学的理念，以工作过程为线索完成对相关知识的传授。编写中注重以学生为本，尊重学生学习理解知识的规律；从有利于学生参与整个学习过程，在做中学、在做中掌握知识的角度出发，注意在学习过程中调动学生学习的积极性。

在本系列教材的编写过程中，编者尽力做到以就业为导向，以技能培养为核心，突出知识实用性与技能性相结合的原则，同时尽量遵循高职高专学生掌握技能的规律，让学生在学习过程中能够熟练掌握相关技能。

本系列教材全面覆盖了国家职业技能鉴定部门对考取高级咖啡师职业技能资格证书的知识体系要求，让学生经过努力学习，能顺利考取高级咖啡师职业技能资格证书。

本系列教材在版式设计上力求生动实用，图文并茂。

本系列教材的编写得到了不少咖啡界资深人士的热情帮助，在此，一并表示衷心的感谢！

广东创新科技职业学院

高职高专院校咖啡师专业系列教材编写委员会

2015 年 3 月

前　言

在开始编写本书前，笔者已深感咖啡浪潮正在中国大地兴起。中国的年轻一代已经逐渐认同品饮咖啡这种简约、时尚的生活方式，进而转变成为一种日常消遣放松的方式。由于咖啡的特殊文化背景，令许多怀揣创业梦想和时尚情调的人热衷于投资经营咖啡馆。然而，咖啡馆的投资经营除了涉及资金筹措以外，投资人对于咖啡行业的认知和专业化程度也是非常重要的。因此，作为咖啡师专业教师，笔者希望本书的内容能够给予未来的咖啡从业者较为专业的咖啡制作与服务技能的指导。

本书从咖啡师角度入手，通过认识咖啡馆、意式咖啡制作和单品咖啡制作三个项目将内容展开。每一个项目都有十分具体的任务实施，并按照学习规律给予读者充分的指引，希望读者能够较好地进行咖啡知识的学习和任务的实施。在咖啡师群体中，对咖啡萃取技术的追求和创新技艺的精益求精几乎到达疯狂的状态，本书也收集了一些业内比较认同的专业技术帖，以引导读者向着相关的方向进行拓展学习。

本书的编写任务由李伟慰和周妙贤共同完成，李伟慰负责编写项目一和项目二，周妙贤负责编写项目三。本书采用项目教学法，通过建立典型的工作情境，按照学习者的学习规律进行编写。

在本书的编写过程中，笔者走访了相关的行业企业，并得到了业内同行的大力支持。首先要感谢“咖啡沙龙”提供的分享文章和图片，作为业内知名的权威品牌，其资讯量足以帮助咖啡行业的很多人，感谢咖啡沙龙！同时还要感谢广东创新科技职业学院李灿佳副院长给予的全程指导和支持！

本书内容涉及了一些咖啡馆的相关场景，要感谢提供场景拍摄的相关部门。他们是广州市旅游商务职业学校咖啡厅、澳门诚品国际有限公司的 Q－Cafe 广东金融大厦店、东莞木兰朵西餐咖啡厅、顺德大良 Friday 咖啡厅。有了众多同行的支持与配合，才使得本书的内容更加充实。

由于咖啡技术的日新月异，本书难免有不足之处，欢迎专家学者及广大读者批评指正。

作　者

2015 年 5 月

目录 contents

项目一　走入咖啡馆

图 1－1　台北 GABEE 咖啡馆吧台

咖啡是一种日常饮品，在国外更是人们的精神饮料。在意大利，人们一般都会选择到咖啡馆喝意式浓缩咖啡；在美国，人们更喜欢喝大杯的美式咖啡；在大洋洲，人们则更加喜欢到咖啡馆点一杯 Flat White；在中国的海南省，人们喜欢喝具有东南亚风情的炭烧咖啡。

人们生活品位的不断提高，使得咖啡这个舶来品在中国的消费量日益增长。据有关资料显示，目前中国的咖啡消费量正以每年 15% 的速度递增，并将逐步成为世界上最大的咖啡消费市场之一。

项目目标：

1. 能描述不同类型咖啡馆的特点
2. 能根据不同类型的咖啡馆进行产品的组合
3. 能描述咖啡馆装饰的风格特点
4. 能描述咖啡馆的主要设备
5. 能维护咖啡馆的设备
6. 能描述咖啡师的主要特色和技能
7. 能为自己的咖啡师职业生涯进行一些规划

任务一

认识咖啡馆的类型

● 学习线索

咖啡馆的类型有很多，不同类型咖啡馆的投资规模和经营模式也不同。要准确地对咖啡馆进行分类是有一定难度的，人们通常按照咖啡馆所服务的消费人群和经营的咖啡饮品进行分类。咖啡师了解咖啡馆的类型能够使其较好地理解咖啡商业形式，有助于为客人提供咖啡产品的销售服务。

● 导入情景

Simon 非常喜欢咖啡，所以他经常沉浸在咖啡馆里，而且他特别喜欢某个国际知名连锁咖啡品牌。最近有个朋友给他介绍了一家精品咖啡馆，而他却感叹于自己对精品咖啡馆的了解甚少。

图 1－2　美国 GOOD 咖啡馆
（本图源自“咖啡沙龙微信”）

● 任务描述

选定区域内比较典型的咖啡馆进行调研，确定其类型，并根据该类型咖啡馆的特点撰写调研报告。

● 相关知识

一、 咖啡馆的分类方法

近几年，随着国际交流活动的频繁展开，人们的生活方式也在发生着变化，咖啡这个舶来品在中国的消费量日益增长。咖啡行业处于激烈竞争的状态，各种类型的咖啡馆都存在。然而，由于行业的发展水平依然比较低，业内对咖啡馆的分类尚不明确。根据我国目前的咖啡馆业态情况，基本可以按照下面的情况来进行分类。

咖啡馆的投资主体是多样的，根据投资主体的不同可以将咖啡馆划分为国际连锁品牌咖啡馆（如星巴克咖啡连锁、咖世家咖啡连锁）、国内连锁品牌咖啡馆（如猫屎咖啡连锁、太平洋咖啡连锁）、国内外合资连锁品牌咖啡馆（如豪丽斯咖啡、漫咖啡）和私营精品咖啡馆。

图 1－3　上海质馆咖啡馆外观

根据经营项目来划分，咖啡馆则可以分为传统咖啡馆、酒吧咖啡馆、餐饮咖啡馆和主题咖啡馆。

图 1－4　上海质馆咖啡馆内饰

按照咖啡豆供应商类型来划分，咖啡馆可分为商业咖啡馆和自家烘焙咖啡馆。

图 1－5　深圳华侨城 GEE 咖啡馆

无论哪一种咖啡馆的经营，都不可完全取决于经营者的主观愿望，而应考虑到环境的特点和顾客的需要。一般来说，按照公众消费习惯的普及程度进行分类最能反映咖啡馆的发展形态。

二、 国内主要咖啡馆的类型

1. 休闲型咖啡馆

此类型咖啡馆具有一定的特色和主题。其所处的环境往往是在古迹、非热点旅游景点内或周边，经营内容和环境有很特别的内涵和韵味。这种类型的咖啡馆的顾客也具有特定的消费目的，他们通常是专门来访，一般都有很充裕的时间。顾客并不急于离开，无论是挑选饮料还是等待制作都表现得比较悠闲，所以咖啡师有很充裕的时间精心制作每一杯咖啡。

图 1 -6　休闲型咖啡馆

这是目前国内最流行的咖啡馆类型，特别是带有私人性质的小型咖啡馆。因此，为了降低房租成本，人们通常找一些相对较偏、距离商业中心较远的地方来建造咖啡馆。由于顾客和咖啡师的时间都比较充裕，咖啡饮料的种类设置也相对较多，以便客户有更多的选择。

2. 商务型咖啡馆

这类型咖啡馆通常设在办公环境内或附近，包括工厂、写字楼、大专院校和其他机构内部或附近。其顾客群通常是办公人员，他们没有太多的空闲时间，往往是在上班前，或工作时间内需要咖啡来帮助提高效率，或消除疲劳，同时，咖啡馆也是他们的交流场所。

国内现有的这类咖啡馆以国际大型连锁咖啡机构为主，也包括一部分国内的连锁咖啡馆。其特点是规模较大，因此这种场所的租金通常很高，小型投资者无力承受。其咖啡的制作品质不高，往往靠舒适的环境、豪华的装修来吸引顾客，相当于商务洽谈和会友的场所。顾客一般没有非常充裕的时间，不便于设置太多、太复杂的咖啡种类。常以最流行和传统的咖啡饮料为主，以便顾客快速找到自己所喜欢的咖啡饮料，不耽误时间。

图 1－7　商务型咖啡馆内饰

3. 街边饮料店、售货亭

这是国外非常流行的一种咖啡服务方式，也是大多数国际大型连锁咖啡机构的主要服务方式。其特点是快速服务，包括汽车专用通道，以便开车的人不下车就能买到一杯咖啡。有些是在某些临时活动场所提供特定时间内的咖啡服务。

目前这类咖啡服务在国内还很少见，主要是因为在卫生管理方面没有相应的条款和约定，所以很多人即使有这方面的想法，也无法实施。上海等地有这样的先例，可能是因为制度不明确，能否申请到合法的经营执照要看个人的能力和机遇。该类咖啡服务的要求就是简单方便，绝大多数人都是买了咖啡之后一边走一边喝，大多没有座位。点单时间不宜太长，不适合设置太多的品种，一般只设置最常见的品种，让想喝到自己喜欢的咖啡的人满意即可。

图 1－8　街边咖啡吧

4. 咖啡餐厅

这是一种快餐厅的经营理念，一般饭店里都有，其作用是全天提供简单的餐饮项目。由于一些正餐厅在非就餐时段不营业，所以，如果这时顾客需要就餐，通常会选择到这样的地方来。在一些特殊地带，如机场、火车站，这类餐厅 24 小时营业，以便于人们在饭前与饭后继续逗留。

由于目前国内的咖啡服务受到了制作品质的限制，大多数咖啡馆的咖啡饮料销售情况不是很好，因此很多咖啡馆转向提供就餐服务。然而该类服务的价格相对较高，如果所在地区的客户消费能力和需求不一致，经营的效果就不会很理想。这是一种餐饮结合的服务场所，即非正餐，也不完全是休闲式咖啡馆。顾客的类型较多，全天营业不分时段，基本情况与麦当劳等大众化餐饮服务场所相似。

5. 俱乐部型咖啡馆

该类场所通常设置在环境内部，不允许外部人员进入。因此它更多的是一种服务条件，而不是商业经营环境。根据服务对象的特点，设置要求通常比较高，需要提供高档而优质的服务，或根据服务对象的需要和环境要求，可能需要设置餐饮服务项目。该类型咖啡馆只能作为一个附加项目，不能要求盈利。

目前这类咖啡馆较少，只在个别场所内才有。因为人们太过于追求盈利，所以难以设置成功。少数电影院勉强设置简易的咖啡馆，但未能达到应有的效果。

该类场所的服务对象通常也是在工作时间内到访，因此服务项目不宜设置过多，以能够满足人们对自己熟悉的咖啡饮料的需求为原则即可。作为一个附加项目，有的咖啡服务可能是免费的，有的可能是低价格销售的，这就需要环境管理机构与咖啡服务机构之间的协调与配合。

图 1－9　俱乐部型咖啡馆

6. 酒吧型咖啡馆

这类咖啡馆的服务时间通常是晚上，并以酒水的服务为主。国内习惯喝咖啡的人还比较少，更不会有很多人在晚上喝咖啡，但是对于很多习惯喝咖啡的外籍人士而言，晚上十一点之前喝一杯咖啡还是比较正常的，特别是在喝了较多的酒之后，喝一杯咖啡会感觉比较舒服。

国内酒吧的种类过于单调，服务项目也比较单一。少数提供咖啡饮料的酒吧，难以把咖啡制作得很好，也并不在意咖啡的制作品质，毕竟咖啡在销售中所占的比例是非常少的。大多数开酒吧的人没有意识到，咖啡实际上是最能作出区别的饮料。虽然它带来的利润并不算大，但是可以起到区分和强化品牌的作用。而唯有品牌可以吸引到更多的顾客。由于咖啡在中国现有的酒吧环境中主要还是作为一种补充的服务项目，因此设置的种类不宜太多，制作不宜过于复杂，只要保证品质，能提供基本的咖啡饮料即可。

图 1－10　酒吧型咖啡馆

● 任务实施

步骤一：　确定调查区域

确定调查的主要区域，一般可以按照经济发展程度来确定，然后在这个区域里选择一些比较典型的商业形态进行调查。

步骤二：　确定调查方法、架构

调查方法与架构的设计，是指在进行调查前，将调查工作项目作一个完整的规划，以期用最合理的成本、最适宜的方式及在最适当的时间来进行实地调查，进而获得最适用的调查对象。

调查方法的设计包括：问卷调查方式的选定、问卷设计、抽样设计、人员选择及访前训练。

步骤三：　展开实地调查

进行调查时，每天应审核调查结果，使非统计性偏差降至最低，以提高抽样调查的精准度。导致非统计性偏差的原因有：

（1）选择原始样本错误。如在进行空调市场调查时，被访问人无购买决定权。

（2）访问者措辞不当，引出不同答案。

（3）访问者无经验，应答率低。

（4）被访问人不诚实。

（5）访问表格设计不佳。

首先，展开调查后，应掌握每天的调查工作进度，保证调查工作如期完成。其次，应进行日常调查工作检讨，以使调查工作质量日益提高。开展此项工作时，通常以小组讨论的方式进行，必须以头脑风暴法或充分讨论的方式进行，以求实际效果。

步骤四：统计分析及阐释

必须将收集来的所有资料加以编辑、汇总及分类与制表，方能使调查资料变成可供分析解释的资讯。在资料整理阶段，包括下列程序：

1. 编辑

剔除不可靠、不准确及与调查目的无关的资料，保留有排列性的、可靠的、有参考价值的资料。

2. 汇总及分类

将调查资料分门别类加以汇总，再将大类的资料依调查目的的需要，进行更为详细的分类。

3. 制表

将分类后的资料分别进行统计及汇总，并将汇总结果以统计数字的形式表示出来。制表方式分为：

①简单制表，是将答案一个一个分类而成的统计表。

②交叉制表，是将两个问题之答案联系起来，以便获得更多的资讯。

③多变数间关系分析，是将两个以上问题之答案联系起来，以便获得更多的资讯。有因子分析、回归分析、组群分析。

现行情况只要将问卷答案输入电脑，经由 SPSS 套装统计软件，就可列印成表，统计方便且准确率颇高。

4. 统计资料之阐释

市场调查即搜集、整理和分析资料，最终得出调查结论并解释结论的内涵。

步骤五：提送报告

提交的报告应该包括：

（1）在调查的区域里是否包括了所论述的咖啡馆类型？

（2）不同类型的咖啡馆在不同的商业形态中存在的形式。

（3）这些咖啡馆的规模、员工配置、客流量和主要销售的商品。

（4）你认为何种咖啡馆的生存能力最强？

（5）这些咖啡馆面临的最大竞争是什么？

● 拓展知识

进化中的中国咖啡馆

纪　云

遍地开花的咖啡馆，究竟是积累多年的需求大爆发，还是市场泡沫？

漫咖啡会长辛子相最近很忙，因为他要开很多新店。他不仅要监督正在施工的20家新店，还要为已经签约、将要施工的60家店作规划。

自3年前第一家店在北京的望京落户以来，漫咖啡目前已经在全国开了26家店，遍布于成都、杭州、上海、武汉、太原、福州、郑州等城市，仅北京就有14家。

"10年内，我们要开到3 000家"，这位身材不高、手里总是夹着一根雪茄的韩国人辛子相，对中国的咖啡馆市场非常乐观，并许下了豪言。

图1－11　漫咖啡招牌（本图选自漫咖啡官网）

不可否认的是，看好中国咖啡馆市场的，不仅仅是辛子相。咖啡连锁巨头星巴克声称截至2015年要在中国开1 500家店，这几乎是目前规模的两倍。而在中国开店速度最快的Costa也在今年提出了“3年内开250家新店”的计划。背靠华润地产的太平洋咖啡也于今年初在北京秀水街开了第100家店。

图1－12　Costa苏州繁花中心店（本图选自咖世家咖啡官网）

各种专注于细分市场的咖啡馆也开始兴起。车库咖啡、3W咖啡、贝塔咖啡等专门针对互联网人士，北京的鱼眼儿咖啡、上海的质馆咖啡则着力于推广精品咖啡，还有提供咖啡外送服务的参差咖啡和连咖啡，更奇怪的是，有一家叫“Kedney Shirt”的衬衫店也卖起了咖啡……

据统计，目前全国有13 600家咖啡馆，且这个数字每天都在增长，北京市场的增长率更是高达18%。在杭州，5月份新开了10多家咖啡店，而据杭州市咖啡西餐协会的统计数据显示，往年杭州平均新增的咖啡店也才20到30家。

中国的咖啡馆行业真的热起来了。不过，这究竟是积累多年的需求大爆发，还是市场泡沫？

活下来的探路者

将时光倒流15年，那时候的北京，咖啡馆还不能算是个做生意的场所，因为对于大部分中国人来说，咖啡离他们生活很遥远。

正是在那个时候，庄崧冽在北京大学东门的成府街开了第一家雕刻时光咖啡馆，售卖现磨咖啡。那时，与大多数中国人一样，庄崧冽其实也不太懂咖啡的制作，有时候还要靠来店里消费的外国人指导一下。这是1997年的北京。

图 1－13　雕刻时光咖啡苏州太湖游客中心店（本图选自雕刻时光咖啡官网）

鱼眼儿咖啡馆的咖啡师大猫早在 20 世纪 90 年代就接触到了现磨咖啡，这要得益于他在外企的工作经历。“那时候咖啡粉只能到友谊商店去买，用和装奶粉一样的罐子装着，一罐要一两百元钱。咖啡壶就更难买，全是进口货，一个最小号的美式咖啡壶也要三四百元钱，相当于一个月的工资了。”大猫回忆，“约朋友聊事情，不是去茶楼就是去三里屯的酒吧，还真没有什么咖啡馆可以去”。

源自中国台湾地区的上岛咖啡，也于 1997 年进入海南，它以连锁加盟的形式迅速扩张，至今有 1 300 多家店遍布全国。在星巴克进入中国之前，它占据了中国咖啡馆市场 90% 的江山。但从严格意义上来说，上岛咖啡并不是一家真正的咖啡馆。上岛咖啡不仅卖咖啡，也卖各种壶装的茶饮料，食物里有各种中式米饭，而非一般咖啡馆卖的甜品、三明治等，布局也以包间为主，并非一般咖啡馆的开放空间。

咖啡馆真正进入中国人的生活，还要从 1999 年星巴克进入中国市场算起。除售卖咖啡外，星巴克一直不遗余力地向中国人传达“咖啡文化”，并致力于培养中国年轻人喝咖啡的习惯。

图 1－14　星巴克成都远洋・太古里门店（本图选自星巴克咖啡官网）

“星巴克的品牌甚于咖啡”，创始人舒尔茨在自传《将心注入》中写道。它致力于提供给消费者一种浪漫的感觉。这种浪漫感觉体现在星巴克对咖啡豆所赋予的罗曼蒂克色彩上，并使店内的一切看上去都浪漫宜人：爵士乐、墙上张贴的艺术照片、椅子的样式…… 这种“浪漫”在早期被中国人贴上“小资”标签，它对新时代的中国年轻人有着致命的吸引力。

“在中国，过去 10 年里，由于星巴克和 Costa 等探路者苦心经营，一波人养成了喝咖啡的饮食习惯和端着咖啡给自己贴标签的习惯，精神和物质的享受都变得标签化了。”外送咖啡服务“连咖啡”投资人王江总结道。他的另一个为人所知的身份是移动互联网应用开发商活力天汇 CEO，其旗下应用“航班管家”前不久被携程入股，据传投资金额不低于 1 亿元人民币。

一个有意思的现象是：雕刻时光、上岛咖啡和星巴克，这些中国咖啡馆行业的探路者，竟然都活了下来，这在其他行业是很少见的。

移动互联网推动第三空间

咖啡馆越来越不仅仅是个喝咖啡的地方。

“中国没有一个能坐下来跟朋友聊天的地方”，辛子相认为，即使没有漫咖啡，也会有别的咖啡馆来提供这样一个被称为“第三空间”的场所。

“中国有茶馆，但是茶馆里茶的价格差别很大，有几百元一杯，也有几十元一杯的，那你请人喝茶到底点哪个？这就是一个很复杂的问题了。”辛子相说，咖啡就不一样，一杯咖啡就几十元钱，大家进去之前都知道是这个价格，没什么负担。

庄崧冽曾总结咖啡馆的经营秘诀，他认为“开放和交流是咖啡馆里的基本守则”。

关于这点，豆瓣公司 CEO 阿北有个比喻，“我一直觉得豆瓣就像一个线上的‘雕刻时光’”，他说。人们喜欢咖啡馆既不是因为某家的咖啡是全世界最好的，也不是因为食物是全世界最好的，只是因为它提供了一个能坐下来、能说话的空间。

这些年，豆瓣和微博等社交网络一直致力于营造互联网上的社交空间，人们在其中发生关系，这种关系需要一个现实空间来承载，咖啡馆则是最合适的一种形态。而随着微信的出现，人与人之间的交流变得更方便、快捷。

王江现在有一种新的组局方法，即在微信上发一条信息，“今晚 7 点在 ×× 地方，一起聊聊咖啡馆，想来的在下面留言”，不一会就有几个人报名参加。另外，微信还能非常方便地建立群组，很适合组织多人聚会。

移动互联网的发展不仅使得人与人之间的沟通更频繁，也改变了人们的办公习惯。

“饭本”是一家移动互联网创业公司，他们在建外 SOHO 租了一个 100 多平方米的办公室。一个大开间，中间放置了几张办公桌，员工全都自带电脑上班。最显眼的是落地窗边的一组绿色沙发，他们常在这里休息、开会，布置得非常舒适。即便如此，他们也经常去楼下的动物园咖啡馆办公，并且每周日下午都会找一家咖啡馆加班。

近年来，年轻人已经不喜欢传统的“隔断式”办公环境，因为它让人感觉非常压抑，并且不利于沟通，他们更喜欢咖啡馆这种开放式的办公环境。

2011 年，思科公司专门针对移动办公现状开展了一项调查。报告显示，员工进行移动办公已经成为大多数企业的常见现象。有 32% 的企业员工在一天的工作中至少依靠一种移动设备。越来越畅通的 3G、WiFi 无线网络和无处不在的云端服务让他们在家里、酒店甚至火车、汽车上就能方便高效地办公，没有地域限制，时间由自己把握，完全没有以前不在办公室就无法工作的限制。

据 IDC 预测，至 2015 年，亚太区将有 8 亿员工实现移动办公。Gartner 最新发表的报告预测，全球大约一半的企业将在 2017 年之前启用 BYOD（自带设备）计划并且不再向员工提供计算设备。

“我们的每张桌子下面都有插座，也提供多个 WiFi 网络。”辛子相告诉《商业价值》。为了迎合移动办公的需求，漫咖啡的桌子都很大，椅子也都柔软舒适。“星巴克的桌子太小了，你放一杯水，再放一台电脑，就感觉非常局促，很担心会把水打翻。”

是个好生意吗?

尽管咖啡馆正热，却并非每家都有好生意。

“只靠卖咖啡的店，第一年就倒闭的占60% ~70%”，大猫转述他从咖啡机供应商那里得到的数据。独立咖啡店需要从国内的咖啡机供应商处采购咖啡机，然而据供应商介绍，在咖啡机卖出后的一年时间内，有很多人都前来要求供应商帮忙出售二手机器。

“鱼眼儿能生存下来其实是一个非常特殊的案例，其中有运气的成分在，因为当时三里屯 Village 给了比较优惠的租金价格。”然而今年租金上涨到鱼眼儿无法承受的地步，所以不得不搬迁到对面租金更低的三里屯 SOHO。即便这样，据大猫介绍，这几年鱼眼儿也没有挣到很多钱，只能做到不赔不赚。

专注细分市场的创业咖啡馆情况也并不乐观。动点科技曾对北京、上海、广州、深圳、成都、杭州等地的近20家创业咖啡馆进行报道，这些咖啡馆大多数在2011年底、2012年初开业，但除了广州贝塔微微盈利外，其他咖啡馆均未盈利。

各地也屡屡出现咖啡馆倒闭的情况。目前厦门大大小小的咖啡馆数量远超2 000家，已经成为国内咖啡店密度最高的城市之一。但与此同时，厦门咖啡馆绝大部分处于亏损状态，真正盈利的不超过三成。

而在青岛，据统计显示，2012年有300家咖啡馆，但其中10家咖啡店有8家在亏损，每年有一成会倒闭。

辛子相认为之所以会这样，还是因为中国人的生活习惯。“在美国，早餐去星巴克点个三明治再点杯咖啡，过几个小时在办公室里又想喝了，就跟中国的火锅一样，吃了还想吃，特别上瘾。韩国也好，中国也好，还没到美国那种上瘾到一天不喝咖啡都不行的那种程度”。

星巴克的商业模式是在人群密集的场所开店，每天靠量大取胜。据报道，星巴克在济南的第一家店曾经创下一天销售3 000杯咖啡的纪录，这对其他任何一家咖啡馆而言都是不可想象和企及的。

对大多数咖啡馆来说，单纯靠卖咖啡远远不够。

漫咖啡的扩张速度惊人，甚至被有些人称为一种“现象”。一家投资200万元的店，据辛子相说，两年内就能收回成本，其利润率高达30% ~40%，这比星巴克的9.5%要高出一大截。这一切其实很简单，在漫咖啡，卖得最好的产品不是咖啡，而是巧克力松饼。一份松饼38元，价格比咖啡高，成本却比咖啡要低很多。

“其实漫咖啡更像一家餐馆，一天三餐包括下午茶都可以在里面解决，为什么还叫咖啡馆，不如干脆叫餐厅？因为咖啡是一种定价标签，这也要感谢星巴克，让一杯咖啡 30 元的价格被中国人接受。既然这样，如果我开咖啡馆，咖啡卖 30 元，食物就可以卖到五六十元，这种 Arpu 值是非常高的。”王江一语道破。作为外送咖啡服务“连咖啡”的投资人，他对咖啡行业颇有研究。

庄崧冽则是在经营“雕刻时光”的过程中发现这一点的。他在《时光捕手》中写道，“刚开始店里几乎没有食物，后来发现吃的东西比较赚钱，才开始慢慢地丰富菜单”。现在，雕刻时光除咖啡外，还有沙拉、三明治、披萨等各种吃食。

即便如此，也并不是什么食物都适合在咖啡馆里卖。漫咖啡售卖的主要是华夫饼、甜品和韩式汉堡，并不售卖米饭。庄崧冽也曾一度坚持不卖米饭。他认为，“新鲜、健康、少加工”是咖啡馆食物应当具备的标准。漫咖啡则直接采用开放式厨房，所有的食物制作过程都是透明可见的。

“中国人买东西总会想，这是不是新鲜的？会不会是昨天的东西今天拿来卖？所以我们干脆就全部现场制作。”辛子相说这是他的经营秘诀。

在不同形态的咖啡馆背后，是对不同时期社会需求的深刻反映，和在商业驱动下做出的各种尝试。无论如何，结果是越来越多的中国人走进咖啡馆，端起这杯带有深刻文化烙印的褐色饮品。

本文选自《商业价值》杂志 2013 年 6 月 7 日

任务二
认识咖啡馆的功能

● 学习线索

一间咖啡馆的诞生需要经历调研选址、设计装修和试营业三个基本过程，这些都是咖啡馆经营者需要考虑的问题。对于咖啡师来说，咖啡馆是一个已经存在的实体，应该根据咖啡馆的设计风格来了解它的主要功能，保证能够熟练地进行咖啡制作与服务。

● 导入情景

Simon 喜欢收集咖啡馆的设计和装修资料，希望通过吸收不同的设计风格来实现装饰自己咖啡馆的梦想。对于一间喜欢的咖啡馆，他会从咖啡馆的门面、内部设计、灯光装饰和服务的合理性方面进行评价。

图 1－15　简洁风格的咖啡馆

● 任务描述

根据咖啡馆的主要功能区域对咖啡馆的特色进行介绍。

● 相关知识

一、 咖啡馆的功能区布局

不管是何种类型的咖啡馆，首先应该满足经营管理的实际需要。因此在设计装修的过程中，应该根据咖啡馆所在的地址进行功能设计。一般来说，咖啡馆的功能区可以分成门面、展示陈列区、会餐区、吧台区、洗消间、VIP 区，如果空间允许还可以设置盥洗区，如图 1－16 所示。

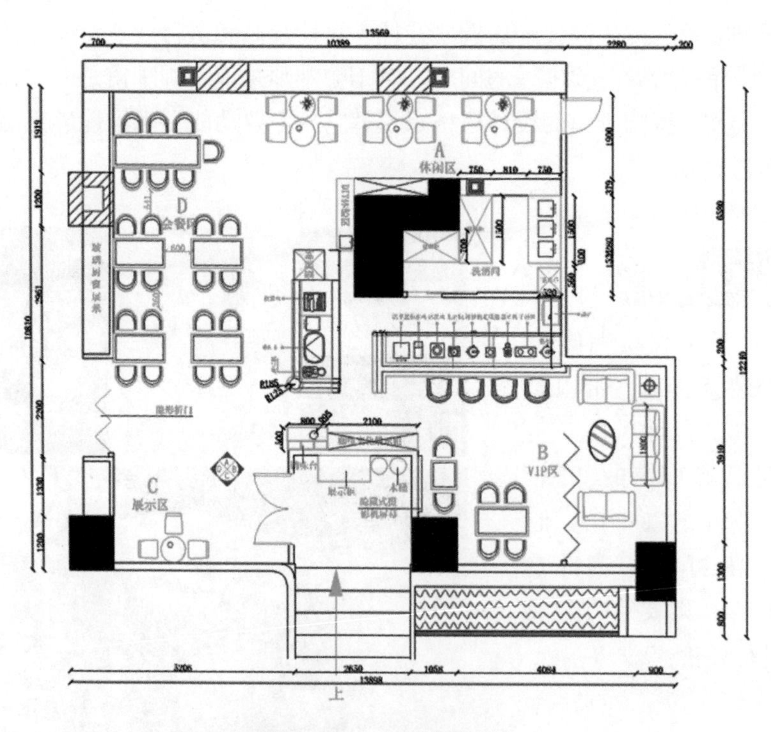

图 1－16　咖啡馆平面图

1. 门面

在咖啡馆门面设计中，装饰应与咖啡馆的整体风格相匹配，体现出明显的咖啡文化，能够使顾客产生强烈的视觉刺激，进而激起消费欲望。咖啡馆入口门面的设计应该注重从消费者的角度出发。从商业观点来看，店门应当是开放性的，所以设计时应当考虑到不要让顾客产生“幽闭”“阴暗”等不良心理，否则会拒客于门外。因此，明快、通畅，具有呼应效果的门扉才是最佳设计。如图 1－17 所示，宽敞明亮的咖啡馆门面能够达到很好的招徕效果，同时也能更好地进行文化的布置宣传。

图 1－17　中型咖啡馆的门面

将店门安放在店中央，还是左边或右边，这要根据具体人流情况而定：一般大型咖啡馆可以安置在中央，但小型咖啡馆的进出部位安置在中央是不妥当的，因为店堂狭小，直接影响了店内实际使用面积和顾客的自由流通。小咖啡馆的进出门，不是设在左侧就是右侧，这样比较合理。店门设计，还应考虑店门前的路面是否平坦，是水平还是斜坡；前边是否有隔挡及影响店

图 1－18　小型咖啡馆的门面

铺门面形象的物体或建筑；采光条件、噪音影响及太阳光照射方位等。

2. 展示陈列区

整个咖啡馆的商品构成与配置需要经过系统的分类与搭配，但在表现之际，若未能运用展示陈列的技巧，则无法表现出咖啡馆的活力。同时，单调的摆设也未能塑造咖啡馆的特性。所谓的“展示陈列”，并非我们通常所指的橱窗展示或特别区位陈列，而应该是泛指各种陈列，它必须包括三大陈列项目：

（1）补充陈列。

补充陈列属于陈列范围最为广阔的部分，整个店内的商品陈列空间都包含其中。由于陈列的重点在于销售，所以陈列应着重表现咖啡品牌的丰富感与特性化。

图 1－19　咖啡馆的补充陈列

（2）展示陈列。

展示陈列指咖啡馆的展示橱窗及吧台内特定区域的展示陈列。由于展示陈列的目的在于表现重点咖啡的组合效果，同时兼具诱导顾客的作用，所以展示上必须明确地打出一个主题，借以吸引来店顾客。

图 1－20　咖啡吧台通过器具展示陈列

（3）强调陈列。

强调陈列主要指介于补充陈列与展示陈列之间的陈列形态，为了在各区位内达到促进销售的效果，必须利用壁面的空间、较宽阔的通路、货架或吧台的空间，就本区位的咖啡和饮料，选出具有代表性的咖啡进行陈列。

图 1－21　咖啡馆的强调陈列

因此，咖啡展示陈列的作用，就是运用各种展示陈列的技巧，配合什器、装饰的运用，将咖啡的特性表现出来。一是为了达到促进销售的效果，二是为了烘托整个咖啡馆的气氛，所以必须要把握住广告的诉求效果。

3. 会餐区

会餐区是整个咖啡馆占用面积最大的区域，也是咖啡馆产生经济效益的重要支柱。会餐区的设计要从咖啡馆的空间设计上进行考虑，注重咖啡馆人流特点，为客人创设私密、舒适的环境。因此，会餐区要在桌椅、灯光和摆设上进行全面的考虑，注意色彩搭配上的一致性，要符合咖啡馆的风格定位。

一般来说，面积与座位的比例关系为1.1～1.7平方米/座。空间处理应尽量使人感到亲切，一个大的开敞空间不如分成几个小的空间。家具应成组地布置，且布置形式应有变化，尽量为顾客创造一个亲切的独立空间。咖啡馆的桌子一般按照2人、4人、6人、8人的规格来选择，通常以方形和圆形的桌子为主，既能够提供独立、私密的空间，也方便进行桌椅的移动。会餐区的椅子通常与桌子配套，尽量提供舒适、卫生、简洁的材质，让客人有温馨的感受。灯光的设计应该以柔和、明亮、温暖的色调为主，满足客人在咖啡馆阅读、思考的心理需求。摆设则以体现咖啡馆经营特色的摆件、植物、图书和自助服务设备为主。

图1－22　会餐区

图 1－23　会餐区摆设

图 1－24　会餐区的灯光色调

4. 吧台区

咖啡馆吧台是整个咖啡馆的核心所在，也是客人进入咖啡馆之后最先接触到的地方。咖啡馆吧台应该具有鲜明的特色和个性，能够承担接待、销售、制作和出品的任务。

图1－25　咖啡馆吧台的核心地位

咖啡馆吧台应该设置在咖啡馆最显眼的地方，通过灯光、摆件来突出其核心地位。吧台是整个咖啡馆设备投资最大的地方，同时也是产品销售的中心，要注重吸引顾客在此停留。吧台区一般设置前吧台和后吧台，前吧台是面向客人的窗口，应该注意人流的及时疏散，保证客人能够最方便快捷地取得自己的咖啡饮品。同时为了方便吧员与客人之间的直接交流和沟通，有些精品咖啡馆还会设置吧凳让客人能够坐下饮用咖啡。

图1－26　前吧台

后吧台主要负责原材料加工、存储和展示的工作。后吧台会摆放一些制作冰饮的器具、热水和净水设备以及原材料处理工具，也会设置一些简易的清洁区及工具收纳区。后吧台上方最吸引人的应该是咖啡馆的价目牌，有时也会在那摆放一些销售产品或者装饰品来吸引客人的眼球。

图 1－27　后吧台

5. 洗消间

洗消间属于后勤部门，主要负责清洗及消毒等工作，洗消间通常指咖啡馆用于消毒、清洁、回收等工作以及物品储存的房间。通常来说，如果咖啡馆经营食品，那么洗消间的要求将会更加严格，有些咖啡馆还会将洗消间与后厨合并。在筹备咖啡馆时应该充分考虑洗消间的配置和证书办理问题，要符合食品卫生和检验检疫的要求。洗消间应该设置清晰的清洗消毒流程，物品摆放应该有序整齐，还要挂上洗消间的卫生管理规则或者条例。

图 1－28　标准的洗消间布置

6. VIP 区（包厢）

大中型咖啡馆通常都会在一定的区域设置 VIP 区，目的是为了满足一部分客人私密性的要求，同时也能够设置足够大的区域来满足聚会或者洽谈的需要。VIP 区并不是简单地设置一个独立的空间，或者包厢装修得更加豪华一些。咖啡馆的 VIP 区应该比普通的会餐区更加舒适和温馨，装饰和装修更加讲究个性化和特色。通常会根据一定的主题来设计，在这个独立的空间里，需要配合咖啡馆的总体风格搭配颜色、灯光、家具和主题画。

图 1－29　具有主题特色的 VIP 区

二、咖啡馆氛围设计要点

咖啡馆最具体的综合表现就是整个的营业空间，至于如何使整个营业空间具有活力而突显其特性，则有赖全店前勤与后勤作业的充分配合。对于一家咖啡馆的店内营业活动，可以分为两个层面加以探讨。首先是使客人能够在店内集中，进而促使更多的顾客饮用咖啡，以达成营销的效果。

消费者品尝咖啡，不仅有感于咖啡的吸引力，而且对于整个环境，诸如服务、广告、印象、包装、乐趣及其他各种附带因素等也会有所反应。而其中最重要的因素之一就是休闲环境。如果范围再缩小一点，就是指咖啡馆内的气氛，对消费者的消费行为能够产生影响。主要体现在以下五个方面：

1. 色彩的配搭

咖啡馆的色彩配搭一般都是配合客厅的色彩，因为目前国内多数的建筑设计中，咖啡馆和客厅都是相通的，这主要是从空间感的角度来考量的。对于咖啡馆单置的构造，宜采用暖色系，因为从色彩心理学上来讲，暖色调有利于促进食欲，能够使人拥有更多的安全感。

图 1-30　暖色调的咖啡馆

2. 咖啡馆的风格

咖啡馆的风格是由家具决定的，所以，在装修前期就应决定咖啡桌椅的风格。其中最容易发生冲突的是色彩、天花造型和墙面装饰品。总体来说，玻璃咖啡桌对应现代风格、简约风格；深色木咖啡桌对应中式风格、简约风格；浅色木咖啡桌对应自然风格、北欧风格；金属雕花咖啡桌对应传统欧式（西欧）风格；简练金属咖啡桌对应现代风格、简约风格、金属主义风格。

图 1-31　简约风格的咖啡馆

3. 咖啡配套用具的选择

咖啡配套用具的选择需要注意与空间大小的配合，小空间配大咖啡桌，或者大空间配小咖啡桌都不合适。由于购买的实际问题，购买者很难把东西拿到现场进行比较。所以，先测量好咖啡桌的尺寸后，拿到现场做一个全比例的比较，这样会比较合适，以避免因过大或过小而造成不便。

图 1－32　合理设计咖啡馆空间

4. 咖啡桌布的选择

咖啡桌布应以布料为主，目前市场上也有多种选择。如使用塑料咖啡桌布，在放置热物时，应放置必要的厚垫（特别是玻璃桌），否则桌子有可能受热开裂。

5. 咖啡桌与咖啡馆沙发的配合

咖啡桌与咖啡馆沙发一般是配套的，但两者若分开选购，则需要注意保持一定的人体工程学距离（沙发到桌面的距离以 30cm 左右为宜），这样舒适度比较高。过高或过低都属于非正常的使用高度，容易引起胃部不适。

图 1－33　舒适美观的沙发能够增添咖啡馆氛围

● 任务实施

步骤一：发现咖啡馆设计的主题

咖啡馆装饰的目的在于实现良好的店面经营效果，因此在设计时应注意以下两个问题：一是要吸引客人在店内集中，以实现经营的效果；二是通过店内的装饰效果，打造出便于顾客休闲、娱乐的环境，吸引顾客再次光临。

图 1－34　带有怀旧情调的主题咖啡馆

步骤二：观察咖啡馆的门面

咖啡馆要吸引客人集中在店内，就要注意店面的设计，其中店门的设计应是开放性的，避免让顾客产生一种幽闭的不良心理。在设计时应保证其明快和通畅。店门位置的安排要根据客流量而定，大型的咖啡馆可以安置在中央，而小型的则放在左侧或是右侧比较合理，否则会影响店内的实际使用面积和顾客的自由通行。

图 1－35　门面彰显店主的心思

步骤三：观察灯光的设计

影响咖啡馆外部效果的重要因素是店面的霓虹灯，灯光应能够吸引顾客的进入，使顾客在适宜的光亮下品尝咖啡。灯光的总亮度要低于周围，以显示咖啡馆的特性，营造优雅舒适的休闲环境。咖啡馆的室内灯光也有着重要的作用，灯饰一般既具有照明的作用，又兼具装饰的效果。一般来说，浅色的墙壁，如白色、米色，均能反射达 90% 的光线；而颜色深的背景只能反射 5% ~10% 的光线。咖啡馆应选用明亮的色调，不过也应根据具体的情况及店面的装饰风格等进行综合考虑，选择合适的色调，以突出咖啡馆富有立体感的装饰效果。

图 1－36　灯光与家具和墙面的搭配很和谐

步骤四：　发现咖啡馆装修设计的其他特色

影响咖啡馆装修效果的因素有很多，每一个因素都是打造咖啡馆整体效果不可忽视的部分，因此店主和设计师在进行装修设计时一定要充分考虑多方面的因素，实现咖啡馆装修的目的。

图 1－37　店内的其他装饰反映店主的偏好

● 拓展知识

一、 咖啡馆的形象设计原则

良好的店面设计，不仅美化了咖啡馆，更重要的是能给消费者留下美好的印象，起到招徕顾客、扩大销售的目的。店铺设计的前提条件是紧跟时代潮流。在店铺外观、店头、店内，利用色、形、声等技巧加以表现。个性越突出，越引人注目。

图1-38 现代风格的咖啡馆

（1）店面的设计必须符合咖啡馆的特点，从外观和风格上要反映出咖啡馆的经营特色。

（2）要符合主要顾客的“口味”。

（3）店面的装潢要与原建筑风格及周围店面相协调，“个别”虽然抢眼，但一旦使消费者觉得“粗俗”，就会使消费者对这家咖啡馆失去信赖。

（4）装饰要简洁，宁可“不足”，不能“过分”，不宜采用过多的线条分割和色彩渲染，移除过多的装饰，不要让顾客感到“太累”。

（5）店面的色彩要统一协调，不宜采用生硬的强烈的对比色彩。

（6）招牌上的字体大小要适宜，过分粗大会使招牌显得太挤，容易破坏整体布局。可通过衬底色来突出店名，店名要简明易懂，上口易记，除特殊需要外不要使用狂草或外文字母。

二、 咖啡厅的设计风格

1. 古典风格（欧陆风格）

“粉红色外墙，白色线条，通花栏杆，外飘窗台，绿色玻璃窗”，这种所谓欧陆风格的建筑类型，主要以粘贴古希腊或古罗马艺术符号为特征，反映在建筑外形上，较多地表现为山花尖顶、饰花柱式、宝瓶或通花栏杆、石膏线脚饰窗等处理，具有强烈的装饰效果，在色彩上多以沉闷的暗粉色以及灰色线脚相结合。另外，这一类建筑继承了古典三段式的特征，结合裙楼、标准层及顶层、女儿墙加以不同的装饰处理。退台四坡顶，穹窿顶，深褐色、灰绿色等深色板岩砖，外墙以暖色调小规格面砖贴面。

2. 现代欧陆风格（新古典主义风格）

新古典主义风格的建筑外观吸收了类似“欧陆风格”的一些元素处理方法，并加以简化或局部采用，配以大面积的墙及玻璃或简单线脚构架，在色彩上以大面积线色为主，装饰相对简单，追求一种轻松、清新、典雅的气氛，可算是“后欧陆式”，较旧古典风格则又进一步理性。三段式色彩，以深色天然岩板材为基座，中段以暖色调小规格较高档外墙筑砖贴面，上段为浅色调，顶部为小坡顶现代欧式屋顶，大量运用现代简约装饰，如玻璃幕墙、铁花栏杆、宝瓶状女儿墙。

图 1－39　新古典主义风格的咖啡馆走廊

3. 现代简约风格

几何线条修饰，色彩明快跳跃，外立面简洁流畅，以波浪、架廊式挑板或装饰线、带、块等异型屋顶为特征，立体层次感较强，外飘窗台外挑阳台或内置阳台，合理运用色块色带处理。以体现时代特征为主，没有过多的装饰，一切从功能的角度出发，讲究造型比例适度、空间结构图明确美观，强调外观的明快、简洁，体现了现代生活快节奏、简约和实用的特征，但又富有朝气。

图 1－40　现代简约风格的咖啡馆

4. 后现代主义风格

后现代主义建筑有三个特征：采用装饰；具有象征性或隐喻性；与现有环境相融合。后现代主义的作品有以下特点：不同风格，无论是新的还是旧的，被加以折衷主义地并置在一起，并通过现代主义的技术与最新的材料得到强化。立柱、柱廊、拱门重新复活，空间里装饰有树木花草与小喷泉，断断续续的线条受到欢迎，色彩与形状相得益彰。建筑亦须有叙事：它采用过去的象征性符号，试图变得有趣而又热烈，这样就能最大程度地受到观众的喜爱。

图 1－41　后现代主义风格的咖啡馆

5. 主题式咖啡厅

主题式咖啡厅的装饰风格比较多样化，往往根据经营者的志趣、爱好，并结合房屋的结构等进行装饰，各具特色。

图 1－42　主题式咖啡馆

任务三

咖啡馆的设备

● 学习线索

咖啡设备是咖啡馆经营的主要工具，认识咖啡设备将能够更好地进行咖啡的制作与服务。咖啡设备主要包括咖啡制作设备、服务设备、卫生安全设备和经营设备。

● 导入情景

Simon 决定到咖啡馆实习，他看到了很多与咖啡有关的设备，顿时对此产生了非常浓厚的兴趣。他非常渴望了解每一种咖啡制作设备的主要用途，后来咖啡师告诉他："短时间内了解咖啡制作设备的功能是有可能的，但是，要通过长时间系统地学习，才能掌握每一种咖啡制作设备的非常深厚的文化底蕴。"

图 1－43　种类繁多的咖啡馆设备及器具

● 任务描述

每个人选择一种自己最感兴趣的咖啡设备，并对该设备加深了解，将自己了解到的知识与大家分享。

● 相关知识

咖啡馆及酒吧设备配套

咖啡馆的设施主要是依据不同的客源情况来配备的。目前在咖啡馆的经营中，经营者除了要满足客人对咖啡饮品的消费需求外，还需要配备一些简单食物来满足客人的需求。同时，在很多地方，客人不一定能够接受咖啡饮品的口感，奶茶及巧克力饮品也是客人的主要需求，因此，咖啡馆还需要具备一些经营其他饮品的设备。另外，酒水的配置也是咖啡馆中必不可少的，含酒精的咖啡饮品也很受客人的欢迎。因此，咖啡馆的设施设备需要按照相应的功能来进行配置。

1. 咖啡制作设备

中文名称	英文名称	用途	图片
咖啡吧台	Coffee bar	用于咖啡制作器具的摆放，是经营中枢，具有物品摆放及展示功能	图 1－44　上海 Lavazza 培训中心的模拟咖啡吧台
意式半自动咖啡机	Semi－automatic Coffee machine	制作意式浓缩咖啡及蒸发热奶	图 1－45　贝泽拉格拉蒂双头半自动咖啡机

（续上表）

中文名称	英文名称	用途	图片
意式咖啡磨豆机	Coffee grinder for coffee machine	与咖啡机配套的磨豆机，专门研磨拼配咖啡	图 1－46　HC－600 手动平面刀片磨豆机 图 1－47　MAHLKONIG K30es 定量磨豆机
单品咖啡磨豆机	Coffee grinder for single origin coffee	专门研磨单品精品咖啡，用于手工制作咖啡	图 1－48　小富士鬼齿磨豆机

（续上表）

中文名称	英文名称	用途	图片
美式滴滤咖啡机	Drop Coffee Machine of American	快速制作滴滤式的美式咖啡工具，通常在快餐式咖啡厅可见	 图 1－49　SPF 美式滴滤咖啡机
虹吸咖啡壶	Siphon Coffee	利用虹吸原理冲煮咖啡的一种工具	 图 1－50　HARIO 三人份虹吸壶
手冲咖啡设备	Hand－pour Coffee Equipment	是目前最流行的单品咖啡冲煮工具	 图 1－51　V60－2 手冲咖啡设备

（续上表）

中文名称	英文名称	用途	图片
摩卡咖啡壶	Moka Express Pot	意大利家庭最广泛使用的简易压力式咖啡壶，能够制作意式浓缩咖啡	 图 1－52　比乐蒂铝制摩卡壶
法式压滤咖啡壶	French Press Coffee Pot	直接将咖啡粉加入壶中，一定时间后将滤网下压实现咖啡粉过滤的咖啡冲煮器	 图 1－53　法式压滤咖啡壶
土耳其咖啡壶	Turkey Coffee Pot	最具有阿拉伯风格的咖啡制作工具，将咖啡研磨到极细，加入香料、糖等物质一起冲煮	 图 1－54　阿拉伯风格的土耳其咖啡壶

（续上表）

中文名称	英文名称	用途	图片
越南咖啡滴滤器	Vietnam Coffee Trickling Filter	由法国殖民者引进越南，并进行了改造，将咖啡粉放入其中进行萃取，直接滴入装有炼奶的杯中	 图 1－55　Tiamo 越南咖啡滴滤器
比利时咖啡壶	Belgium Coffee Pot	利用虹吸原理、重力原理设计的一款自动式的咖啡冲煮器	 图 1－56　比利时咖啡壶
荷兰冰滴咖啡壶	Ice drops Coffee Pot	以冰块加水的方式低温萃取咖啡，能够有效降低咖啡因的含量，并保留咖啡独特的风味	 图 1－57　冰滴咖啡壶

（续上表）

中文名称	英文名称	用途	图片
爱乐压	Aero Press	结合法式滤压壶的浸泡式萃取法，滤泡式（手冲）咖啡的滤纸过滤，以及意式咖啡的快速、加压萃取原理。冲煮出来的咖啡，兼具意式咖啡的浓郁、滤泡咖啡的纯净及法压的顺口	图 1-58　爱乐压咖啡制作器
聪明咖啡杯	Mr. Clever Coffee Pot	结合法式压滤和手冲滴滤咖啡的冲煮方式，具备法压的顺口和手冲的干净的特点	图 1-59　台湾聪明咖啡杯
软水机	Water Softener	将含有矿物质的硬质水转化成适合冲煮咖啡的软水	图 1-60　软水机

（续上表）

中文名称	英文名称	用途	图片
滤水器	Water Purifier	净化水中杂质的设备	图1－61　三层过滤净水器
直饮热水机	Water Heater	能够连通饮用水系统，并直接进行加热的热水机	图1－62　直接加热型热水机
电子秤	Electronic Scale	可以测量咖啡豆的重量及咖啡的萃取量	图1－63　微型电子秤
电子温度计	Electronic Thermometer	测试咖啡冲煮水温及牛奶的温度	速显电子式温度计 图1－64　Tiamo 电子温度计

（续上表）

中文名称	英文名称	用途	图片
拉花奶缸	Milk Jar	用来制作热牛奶泡，按照不同的拉花图案成图，使用不同型号的拉花奶缸拉出的图案不同	 图1－65　不同型号的拉花奶缸

2. 食品及饮品加工设备

中文名称	英文名称	用途	图片
自动茶粉冲泡器	Automatic Tea Infusing Machine	用来制作奶茶所需要的热红茶，是饮品店中最简便的奶茶制作器	 图1－66　自动茶粉冲泡器
榨汁机	Juice Extractor	制作新鲜的果汁时使用的机器	 图1－67　小型榨汁机

（续上表）

中文名称	英文名称	用途	图片
冰沙机	Smoothie Maker	将冰和原材料进行充分搅拌融合的机器	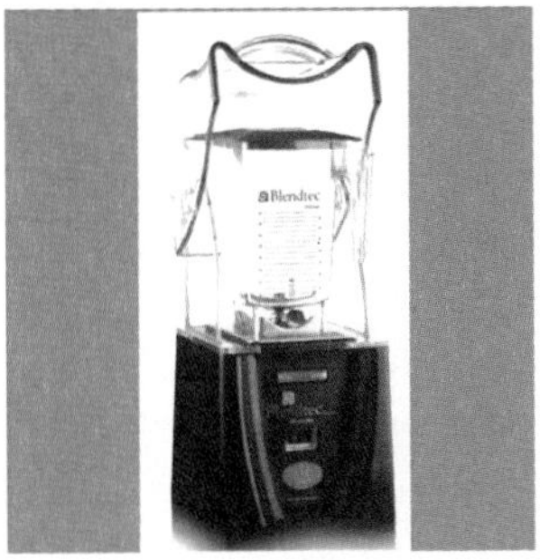 图 1－68　Blendtec 咖啡厅专用冰沙机
制冰机	Ice Machine	通过冷却饮用水制作可以食用的冰	 图 1－69　冷风型制冰机
微波炉	Microwave Oven	用来加热食物	 图 1－70　微波炉

（续上表）

中文名称	英文名称	用途	图片
烤箱	Coal - scuttle	可以用来制作面包、蛋糕和披萨等食物	 图1－71　多功能烤箱
三明治机	Sandwich Cutter	用来制作三明治	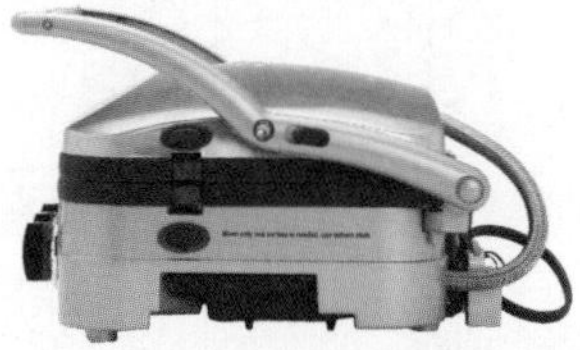 图1－72　多功能三明治机
电磁炉	Induction Cooker	食物加热器	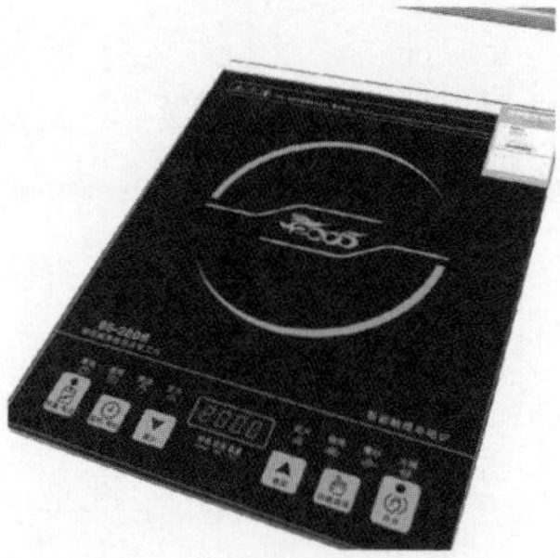 图1－73　家用电磁炉
松饼机	Muffin Machine	制作松饼。可以加入其他材料制作各种口味的华夫饼	 图1－74　双炉松饼机

（续上表）

中文名称	英文名称	用途	图片
储冰桶	Ice Storage Tank	保留部分冰块并可以移动，用来制作饮品	图 1－75　调酒用储冰桶
扒炉	Braised Furnace	用来制作扒类、烧烤类食物等	图 1－76　电扒炉

3. 低温储藏类

中文名称	英文名称	用途	图片
蛋糕展示柜	Cake Showcase	冷藏存放蛋糕、西点等食物	图 1－77　蛋糕冷藏展示柜

（续上表）

中文名称	英文名称	用途	图片
饮料展示柜	Beverage Display Cabinet	冷藏展示果汁、有汽饮料和其他饮料	 图 1－78　饮料展示柜
冰冻冷藏柜	Frozen Storage Cabinet	用于冷冻食物原材料	 图 1－79　吧台式冰冻柜

4. 经营管理类设备

中文名称	英文名称	用途	图片
收银机	The Cash Register	用于结算及向客人展示应付的金额	 图 1－80　收银机

（续上表）

中文名称	英文名称	用途	图片
自助调料台	Self Dressing Table	为满足客人自身口味和消费习惯而设置的自助吧台	图1－81　自助式服务台

5. 其他物品

（1）辅助工具：SHAKE壶，奶油枪及气弹，酱汁调壶，糖浆定量压嘴，耗材台，垃圾桶，更衣柜，保险柜，配电箱，水牌，视听设备，电话，杯架。

（2）咖啡耗用物品类：咖啡外带杯，纸巾，吸管，搅拌棒，外带提袋，各种咖啡匙。

（3）咖啡耗料：咖啡豆，咖啡白糖、黄糖，咖啡用植脂奶，牛奶，奶油，果汁，酒水，巧克力浆，果味糖浆，鲜果浆，冰淇淋，可可粉，糕点。

● 任务实施

步骤一：　归类咖啡馆制作饮品的设备

观察一般咖啡馆的饮品单，列出饮品的主要类型，然后将设备进行归类。

步骤二：　归类咖啡馆的食品加工制作工具

观察咖啡馆的食品菜单，列出咖啡馆的轻食类型，记录咖啡馆是否有制作食品的工具。

步骤三：　描述各种工具的基本特点

查阅资料并描述不同工具的主要特色及其历史。

步骤四： 演示其中一种设备的使用过程

在教师的帮助下，演示其中一种设备的使用方法。

● 拓展知识

咖啡壶的发展过程

1. 研磨咖啡

为了能够享用到最佳口味的咖啡，最简单的方法就是购买新鲜焙炒的咖啡豆，等到需要煮咖啡的时候再研磨。如果购买咖啡豆后立即在店中研磨，那么应该让店员知道家里使用的是什么类型的咖啡机，是活塞式咖啡壶、滴滤式咖啡壶，还是意式咖啡机等，因为不同类型的咖啡机使用的咖啡粉的研磨程度是不一样的。由于咖啡豆是由细小的纤维组织细胞所构成，所以咖啡豆在研磨的过程中，其纤维细胞会被切开，咖啡油和香醇的味道同时被释放出来。因此，想要冲泡一杯香醇可口的咖啡，研磨过程是非常重要的。

市场上现有很多种咖啡机，它们基本上可以被分成两类：一类是使用刀片进行研磨的，比较便宜，但要注意选择摩擦系数较低的材质及构造，研磨时，需要多开关几次，并且注意搅匀，不然咖啡会散发出焦味，甚至还可能产生其他怪味。另外一种则用磨石进行研磨，价格相对比较贵，但能研磨得更均匀。在研磨时，宜轻轻转动，以避免产生摩擦热。还要注意的是，研磨出来的颗粒粗细应大致相同，如此才能在冲泡时，使每一粒咖啡粉末均匀地释放出它的味道，达到咖啡浓度均匀的效果。咖啡研磨的粗细程度，主要取决于冲泡方法和冲泡时间。一般来说，冲泡时间愈短，研磨的颗粒应愈细致。因为颗粒愈小，和热水接触的面积愈大，故冲泡时间要愈短。

2. 阿拉伯咖啡壶

咖啡豆从阿拉伯地区流传到了世界各地，而阿拉伯咖啡的制作方法并没有流传开来。阿拉伯咖啡制作法和其他方法最基本的区别在于：依照传统，阿拉伯人要将咖啡煮开三次。多次煮开的咖啡会失去一些极为细致的口感，不过也只有这样才能制作出难得的特浓咖啡。

阿拉伯咖啡的制作在阿拉伯咖啡壶中进行。那是一种小小的铜壶，有一个很长的把手。首先将两匙幼细咖啡粉、一匙糖和一杯水放入壶中加热，当水烧开时，咖啡壶会吸走热量。一般来说，水烧开三次后，就可以倒出来饮用了。根据个人喜好，还可以在咖啡中加一粒豆蔻子。

图1－82　铜质土耳其咖啡壶

3. 滴滤式咖啡

滴滤式可能是现在煮咖啡最常用的一种方法，在德国和美国特别流行。首先用热水温壶，将滤纸放入滤杯，幼细的咖啡粉放入锥形滤器中，然后倒入接近滚开的水。最好先倒入少量开水淋湿咖啡粉末，使咖啡油先尽快释放出来。开水经过滤器中的咖啡，三角形的滤纸袋滤掉所有的残渣，留下的是纯粹、香气宜人的咖啡液。滴滤式宜用细咖啡粒。粉末状咖啡粉会堵住滤孔，阻碍咖啡液往下流。粗颗粒咖啡粉则会让水流得太快，做出来的咖啡味道很淡。单

图1－83　星巴克自动手冲咖啡设备

人使用的滤杯直接放在咖啡杯上，大的三角型滤杯用于咖啡壶。现在也可以用电咖啡壶制作滴滤式咖啡：电咖啡壶可以将水煮开，制作出的咖啡一般比人工滴滤的更均匀，质量也更好。

4. 虹吸式咖啡壶

早在 1840 年，英国的海洋工程师罗伯·奈毕尔就已发明出虹吸式咖啡壶的原型，但一直到 20 世纪初，才发展为现在的形状。

虹吸式咖啡壶一般由两个透明的玻璃半球上下组合而成，再加上使用了酒精灯，看上去很像化学实验器具。在下半球中加入热水，在上半球中加入咖啡粉，点燃最下面的酒精灯。待水煮沸后，下半球的水上升至上半球，用调棒轻轻搅拌，使水与咖啡粉充分混合。再加热一会儿后关火，上半球中的咖啡液经过滤后，滴入下半球，咖啡就制作好了。由于冲泡过程充满乐趣，观众又能欣赏咖啡萃取的过程，所以更能增添喝咖啡的气氛。

图 1－84　具观赏性的虹吸式咖啡壶

虹吸式咖啡壶在加热前，必须先将壶外侧的水滴彻底地擦拭干净，以防加热后壶身因受热不均而破裂。而咖啡壶在使用后，必须立即用清水冲洗，以防止有残留的咖啡油脂附着在壶壁上，而影响下次冲煮出来的咖啡的品质。此外，滤布在使用过后也应用清水洗净，然后放置于清水中，再放入冰箱中保存。

摆弄虹吸式咖啡壶的玻璃器具，凝视咖啡过滤后一滴滴落入下半球，都需要耐心和细致，有点像东方的茶艺；有些虹吸式咖啡壶造型巧妙、做工精致。在日本和中国台湾，虹吸式都是最为普及的咖啡冲煮方法，在中国大陆地区的很多地方也很流行。

5. 活塞式咖啡壶

活塞壶法在法国叫作加压法，在美国叫作美欧力法（Meloir），在欧洲叫作咖啡壶法（Cafetiere），这是一种相当不错的咖啡冲调方法。很多人喜欢用这种方法冲调咖啡，因为它保存了磨好的咖啡豆的全部风味，而其他方法却很难做到这一点，甚至会使咖啡带上滤纸的味道。据说活塞壶是在 1993 年由一个叫卡利曼（Caliman）的意大利人发明的，为了在战争期间逃离意大利，他把设计和专利卖给了瑞士。

图 1-85　法式压渗法

使用活塞壶法非常简单，先用热水温壶，放入适量中度研磨咖啡粉。咖啡粉与水的比例是至少四尖茶匙咖啡粉对约半升水。倒入刚烧开的水，用一根木汤勺充分搅拌均匀，用一保温套包住咖啡壶保温。让咖啡浸泡三到五分钟，慢慢沉淀，然后将带有滤网的活塞压至壶底，使咖啡粉末和泡好的咖啡分开。如果喜欢喝浓一点的咖啡，可以用四茶匙以上的咖啡粉。活塞式咖啡壶非常方便，仅次于滴滤式，是目前制作新鲜咖啡最流行的两种方法之一。比较便宜的咖啡壶使用尼龙代替不锈钢做滤层。另外，用活塞壶法可以很方便地处理掉咖啡残渣，还可以充分享受咖啡原始的风味。它的另一个优点是可供选择的量很多，所以在冲调早餐咖啡时，不必使用八杯量的壶。它唯一的缺点是不能保温。

6. 摩卡咖啡壶

每个意大利家庭都备有几个不同尺寸的摩卡壶。摩卡壶看上去实在是漂亮极了，非常招人喜爱。摩卡壶的双层壶盖的完美设计使它的顶部可以用于加热。摩卡壶兼有意大利咖啡机和咖啡渗滤壶的特点。冷水在摩卡壶中加热烧开后，通过壶中的一根管道向上，然后再向下，穿过幼细的咖啡粉。这样在一分钟内就调制出颇有特浓咖啡意味的咖啡来，完全可以满足酷爱咖啡人士的需要。

图 1-86　摩卡壶的色彩也可以多种多样

7. 冰滴咖啡

0℃的临界温度，封存了咖啡的原始香味，一分钟六十滴的充分萃取，保证每一滴都蕴藏了咖啡的精华，给人带来全新的体验。

图 1-87　大型冰滴咖啡壶

任务四

咖啡师的职业生涯规划

学习线索

进行职业规划将有助于咖啡师了解自身的工作核心，每一位咖啡师都是最杰出的沟通者和服务者。从事咖啡师工作使其能够获得非常愉悦的生活感受。

导入情景

Simon 梦想着有一天能够拥有自己的咖啡馆。对此，我们应该鼓励其首先成为一个具有较高综合素质的咖啡服务师。

图 1－88　2011 年中国咖啡师冠军洪杰参加世界咖啡师大赛

● 任务描述

为自己的咖啡师职业生涯制订一份规划书，明确自己未来 5 年的职业规划。

● 相关知识

一、 咖啡师的来历

咖啡师的称谓并不是一开始就固定下来的，它是伴随着咖啡饮品制作工具及不同流派的形成而定型的。在国外，咖啡师被称为“Barista”，国内一般将其翻译成“百瑞斯塔”。约从 1990 年开始，英文采用 Barista 这个单词来称呼制作浓缩咖啡（Espresso）相关饮品的专家。意大利文 Barista，对应英文的 Bartender（酒保）；中文称作咖啡师或咖啡调理师。Barista 更早以前的称呼比较直接——浓缩咖啡拉把员（Espresso puller）。

在我国职业技能鉴定《咖啡师职业培训大纲》中是这样定义咖啡师的：咖啡师是指熟悉咖啡文化、制作方法及技巧，从事咖啡调配、制作、服务、咖啡行业研究、文化推广的工作人员。

在国外，咖啡师是极其受人尊重的职业，他们不仅是在制作咖啡，也是在创造一种咖啡文化。他们主要在各种咖啡馆、西餐厅、酒吧等从事咖啡制作工作。

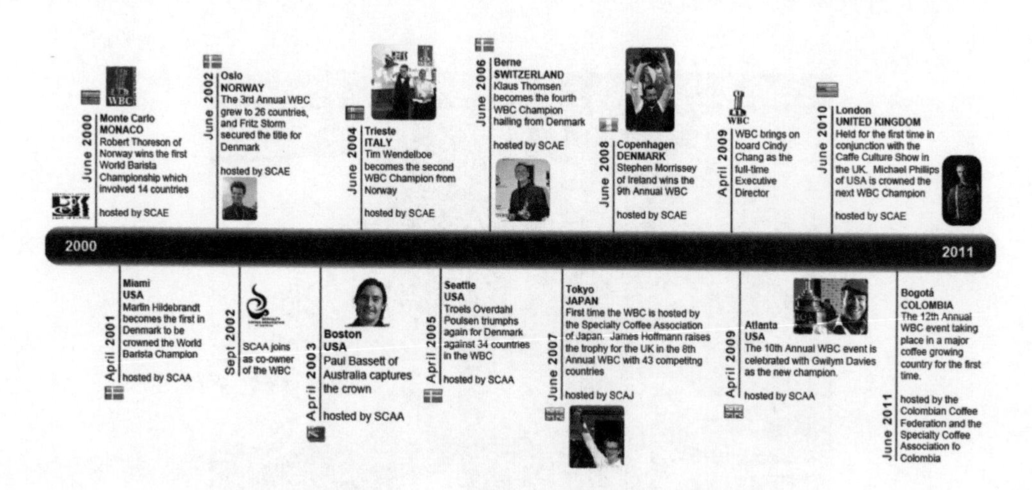

图 1-89　2000—2011 年历届世界咖啡师大赛的冠军

咖啡师至少应该懂得：

（1）对咖啡豆进行鉴别，根据咖啡豆的特性调配出不同口味的咖啡。

（2）使用咖啡设备、咖啡原料制作咖啡。

（3）为顾客提供咖啡服务。

（4）传播咖啡文化。

二、 咖啡师的职业要求

首先，要有很好的味觉和视觉鉴别能力。咖啡实际上有 1 000 多种气味，味道有五种，即酸、香、苦、甘、醇。所以咖啡师要在几十秒的时间内把这五味都做出来，需要对豆、粉、油脂进行非常细致的观察，对机器的操作非常熟练。掌握好机器的温度、水的压力和咖啡豆的配比，各个环节都要配合好。

其次，经验对于一个好的咖啡师来说是很重要的，例如在制作意大利浓缩咖啡时，制作时间通常要控制在 20～30 秒。因为在这个时间段里，咖啡的口味等各个方面都处于最佳的状态，如果时间过长，咖啡因的部分成分就开始析出，超过 37 秒的时候咖啡因析出就开始呈直线上升状态。要想让咖啡因尽量少析出，咖啡师就得拿捏好这个时间。

另外，咖啡师要具有比较高的文化素养，只有对咖啡有了正确的理解才能够对咖啡有更深层的创意和发挥。咖啡师要有艺术触觉，很多美味的咖啡都是咖啡师在艺术灵感闪现的时候制作出来的。

● 任务实施

步骤一： 自我评价

自我评价就是要全面了解自己。一个有效的职业生涯设计必须是在充分且正确认识自身条件与相关环境的基础上进行的。要审视自己、认识自己、了解自己，做好自我评估，包括自己的兴趣、特长、性格、学识、技能、智商、情商、思维方式等。即要弄清我想干什么、我能干什么、我应该干什么，在众多的职业面前我会选择什么等问题。

步骤二： 确立目标

确立目标是制订职业生涯规划的关键，通常有短期目标、中期目标、长期目标和人生目标之分。长期目标需要经过个人的长期艰苦努力、不懈奋斗才有可能实现，确立长期目标时要立足于现实、慎重选择、全面考虑，使之既有现实性又有前瞻性。短期目标更为具体，对人的影响也更直接，是长期目标的组成部分。

步骤三：环境评价

职业生涯规划还要充分认识与了解相关的环境，评估环境因素对自己职业生涯发展的影响，分析环境条件的特点、发展变化情况，把握环境因素的优势与限制。了解本专业、本行业的地位、形势以及发展趋势。

步骤四：职业定位

职业定位就是要为职业目标与自己的潜能以及主客观条件谋求最佳匹配结果。良好的职业定位是以自己的最佳才能、最优性格、最大兴趣、最有利的环境等信息为依据的。职业定位过程中要考虑性格与职业的匹配、兴趣与职业的匹配、特长与职业的匹配、专业与职业的匹配等。职业定位应注意：① 依据客观现实，考虑个人与社会、单位的关系；② 比较鉴别，比较职业的条件、要求、性质与自身条件的匹配情况，选择条件更合适、更符合自己特长、更感兴趣、通过努力能很快胜任、有发展前途的职业；③ 扬长避短，看主要方面，不要追求十全十美的职业；④ 审时度势，及时调整，要根据情况的变化及时调整择业目标，不能固执己见，一成不变。

步骤五：实施策略

实施策略就是要制订实现职业生涯目标的行动方案，要有具体的行为措施来保证。没有行动，职业目标只能是一种梦想。要制订周详的行动方案，更要去落实这一行动方案。

步骤六：评估与反馈

整个职业生涯规划要在实施中去检验，看效果如何，及时诊断职业生涯规划各个环节出现的问题，找出相应对策，对规划进行调整与完善。

由此可以看出，在整个规划流程中，正确的自我评价是最为基础、最为核心的环节，这一环节做不好或出现偏差，就会导致整个职业生涯规划的其他各个环节出现问题。

● 拓展知识

咖啡馆的历史

据资料显示，1645 年的威尼斯，诞生了欧洲第一家公开的街头咖啡馆。巴黎和维也纳也紧随其后，轻松浪漫的法兰西情调和维也纳式的文人气质各具一格，成为以后欧洲咖啡馆两大潮流的先导。咖啡馆的最突出之处，是使原来上层社会封闭的沙龙生活走上了街头。在许多城市，它曾是市民可以自由聚会的最早的公共社交场所。人们在这里读报、辩论、玩牌、打桌球……著名的“咖啡馆作家”宣称自己的终身职业首先是咖啡馆常客，其次才是作家，去咖啡馆并不是为了喝咖啡，而是他们的一种生活方式。从个性解放的自由旗帜卢梭、伏尔泰，到当时的许多著名文人，都有自己固定聚会的咖啡馆。如现实派小说的奠基人狄更斯、以批判风格著称的作家巴尔扎克、左拉、毕加索，直至精神分析学大师弗洛伊德，一连串辉煌的名字把欧洲近代数百年的文化发展史写在了不同咖啡馆的常客簿上。有趣的是，咖啡馆竟然也有专业化的分工，咖啡馆的常客来自整个广义的“有闲阶级”，三教九流，各据一方，在形形色色的咖啡馆和缭绕的烟雾里寻找乐趣和知己。“绅士咖啡馆”“画家咖啡馆”“记者咖啡馆”“音乐咖啡馆”“大学生咖啡馆”“议员咖啡馆”“工人咖啡馆”“演员咖啡馆”“心理学家咖啡馆”等五花八门，各有各的气氛和风格。可以说，咖啡馆是欧洲文明史的见证，甚至可以说，咖啡馆所形成的环境孕育了独特的欧洲文化。

图 1－90　意大利威尼斯最古老的咖啡厅

随着第一粒咖啡豆被人们采摘下来以及第一杯醇香的热咖啡的成功制作，咖啡文化在我们这个小小的星球上的传播，已经成为历史上最伟大、最浪漫的故事之一。有关咖啡起源的传说各式各样，不过大多因为其荒诞离奇而被人们淡忘了。但是，人们不会忘记，非洲是咖啡的故乡。咖啡树很可能就是在埃塞俄比亚的卡发省（KAFFA）被发现的。后来，一批批的奴隶从非洲被贩卖到也门和阿拉伯半岛，咖啡也就被带到了沿途的各地。可以肯定的是，也门在15世纪或是更早就已开始种植咖啡树了。阿拉伯虽然有着当时世界上最繁华的港口城市摩卡，但却禁止任何种子出口！这道障碍最终被荷兰人突破了，1616年，他们终于将成活的咖啡树和种子偷运到了荷兰，开始在温室中培植。阿拉伯人虽然禁止咖啡种子的出口，但对内却是十分开放的。首批被人们称作“卡文卡恩”的咖啡屋在麦加开张，人类历史上第一次有了这样一个场所，无论什么人，只要花上一杯咖啡的钱，就可以进去，坐在舒适的环境中谈生意、约会。

项目二　意式咖啡的制作与服务

图 2－1　意式咖啡制作图

意式咖啡制作依然是目前咖啡馆经营与管理的主流配置，特别是在国内的咖啡馆，拥有很好的意式咖啡制作与服务水平就能获得绝大部分客人的认可与喜爱。因此，咖啡师首先应该掌握全面的意式咖啡制作与服务的技能。在咖啡馆中不断提升咖啡与牛奶的制作技术，能够切实有效地保证咖啡馆的产品质量。

项目目标：

1. 能够描述意式浓缩咖啡的标准
2. 能够使用意式半自动咖啡机进行咖啡制作
3. 能够描述卡布奇诺咖啡的标准
4. 能够掌握优质奶泡的制作技术
5. 能够很好地将咖啡与牛奶进行融合
6. 能够描述经典花式咖啡的名字与配方
7. 能够进行经典花式咖啡的制作

任务一

意式浓缩咖啡的制作

学习线索

意式浓缩咖啡是咖啡馆中最基础的咖啡，咖啡师通过熟练地研磨、填粉、压粉和萃取，再加入不同的材料来制作各种花式咖啡。

导入情景

实习咖啡师 Billy 观察到，咖啡师每一次填装咖啡粉的时候都是非常小心的，特别是在使用压粉器压实咖啡粉的时候表情很专注，生怕出现小小的失误。而且在如今的咖啡师大赛中，越来越多咖啡师选择精确地计算咖啡的萃取量。

图 2－2　精确计算咖啡的萃取量

● 任务描述

制作一杯标准的意式浓缩咖啡，并为客人提供服务。

● 相关知识

一、 意式浓缩咖啡的重要作用

在咖啡馆中，制作和使用意式浓缩咖啡是一个基础而又核心的工作。从某种意义上来说，咖啡馆的咖啡品质可以从意式浓缩咖啡的品质中看出。人们有时又将意式浓缩咖啡称为“意式咖啡的灵魂”，它是制作各种咖啡饮品的基础，可以由它来制作各种不同类型的咖啡，如图 2－3 所示。

图 2－3　以 Espresso 为基底的咖啡（图片选自“咖啡沙龙”微信公众订阅号）

目前，在一些连锁咖啡馆中，意式咖啡的制作和服务是比较主流的做法。运用意式浓缩咖啡制作的各种花式咖啡仍然是受到大众欢迎的饮品。意式浓缩咖啡的制作比较简单而又能够保证咖啡的品质，同时也比较容易控制咖啡制作的成本。

二、 意式浓缩咖啡的定义

意式浓缩咖啡又称为“Espresso”，这是意大利语，翻译成英文有“on the spur of the moment”与“for you”的意思。此种咖啡的制作方法是以极热但非沸腾的热水（水温约为90℃），经高压冲过研磨得很细的咖啡粉末萃取出咖啡。浓缩咖啡常作为加入其他成分（如牛奶或可可粉）的咖啡饮料的基础。根据 *Espresso Coffee：The Chemistry of Quality* 一书的定义，意式浓缩咖啡必须符合下列条件：一杯咖啡的粉量为6.5g±1.58g；水的温度为90℃ ±5℃；水的压力为9±2个大气压；萃取时间为30±5秒。

图2－4 Espresso 漫画（图片选自“咖啡沙龙”微信公众订阅号）

然而，随着精品咖啡理论的普及，美国精品咖啡协会（SCAA）和欧洲精品咖啡协会（SCAE）采用的定义有别于意大利对意式浓缩咖啡的定义。因此，在世界咖啡师大赛（WBC）的相关竞赛规则中，对意式浓缩咖啡的规定如下：意式浓缩咖啡是一杯由研磨咖啡粉制作的1盎司（30mL±5mL）的饮品，并且必须是从同一个双头手把持续萃取出的；意式浓缩咖啡的冲煮温度应控制在90.5℃～96℃（195°F～205°F）；意式咖啡机的冲煮压力应设定在8.5～9.5个大气压之间。

由此可见，与意大利传统的意式浓缩咖啡的制作标准相比，精品咖啡意义下的意式浓缩咖啡在咖啡粉量和萃取时间上都没有明确要求，但是两个组织都要求必须有丰富的油脂克立玛（Crema）。

图 2－5　Crema 是衡量 Espresso 的重要标准

三、 意式浓缩咖啡的主要感觉指标

意式浓缩咖啡是一款口感强烈的咖啡，浓度较一般的咖啡要高很多。初次接触者一定会对它产生深刻的印象。制作浓缩咖啡除了在机器上有特别的要求外，对咖啡豆的烘焙程度也是有明确要求的。对于制作意式浓缩咖啡的咖啡豆来说，相对深烘的豆子能够萃取出较好的口感。同时咖啡豆的新鲜度对于意式浓缩咖啡的制作来说也是非常重要的，一般来说，新鲜烘焙的咖啡豆需要呼吸 14～20 天左右，这样才能获得较好的风味。

图 2－6　好咖啡豆及新鲜的烘焙是意式浓缩咖啡风味的保证

品鉴 Espresso，首先应该观察 Crema 油脂的色泽、厚度和持久度，只有精湛的烘焙和萃取技术，才能保证厚实的油脂持久而不消散，入口一定能够带来非常饱满丰富的口感。

意式浓缩咖啡入口后在味觉上需要达到酸、甜、苦三者的和谐统一，通常入口会带出明亮的果酸；咖啡的甜味会伴随着咖啡的酸味遍布在整个舌头部分，最后咖啡的苦味会在口腔的中后部出现并马上会转化成甘甜的感觉。

丰富的油脂和干净的萃取使得咖啡的口感很饱满、顺滑，能够让饮用者体验到如蜂蜜般黏稠的质感，停留在口腔上的感觉是久久不能散去的。对于一个喜欢 Espresso 的人来说，最享受的就是喝完这款咖啡后口中留下的那种强烈的回甘。

图 2－7　丰富的油脂是咖啡品质的保证

如果咖啡师在操作过程中存在某些技术操作失误的话，就会破坏酸、苦、甜三者的和谐，可能会造成咖啡过苦、过酸或甜味不足等问题，甚至还会将咖啡里的各种味道冲煮出来，产生杂味。所以，对于咖啡师来说，最艰难的工作就是在操作过程中让咖啡保持咖啡豆应有的香气，并且达到酸、苦、甜三者平衡，还要让咖啡油脂持久，使顾客通过饮用意式浓缩咖啡获得非常清新的感受。

一杯好的咖啡就像法国红葡萄酒一样，能够让你感受到原产地的各种风味。因此，对于咖啡师来说，如何保证将咖啡中的优质风味均匀萃取出来（Uniform extraction）是非常重要的问题。

● 任务实施

步骤一： 启动咖啡机

一般咖啡机的开机档都有两档，首先开至第一档，等待抽水完毕，启动第二档加热锅炉。完全打开开关后，将咖啡机手柄轻轻地挂在蒸煮头上进行预热。经过 10 分钟左右，当咖啡机的锅炉气压仪表显示在 1 ~ 1. 5Bar 时，则可进行咖啡制作。

图 2－8　咖啡机处于工作状态时仪表的指示

步骤二： 清理磨豆机

清理磨豆机能保证意式浓缩咖啡是由新鲜的咖啡豆制作而成的，咖啡豆不会受到其他成分的污染。通常在前一天营业结束后，用毛刷和吸尘器对其进行清洁保养。

图 2-9　优秀的咖啡师非常注重机器的清洁保养

步骤三：　调校磨豆机

制作一杯完美的 Espresso，需要将磨豆机调试到最适合咖啡豆当天使用的研磨度。调测研磨度的基础性工作是必需的，一定要认真细致地对待。一般来说，意式浓缩咖啡所使用的研磨度是极细的，但没有统一的标准。在调试的过程中，咖啡师的经验很重要，对研磨度调整的标准来源于咖啡师对咖啡豆和环境的相关认知程度。通常咖啡师需要借助秒表、量杯或者电子秤等工具，依靠自己对咖啡口感的熟悉程度进行调校工作。此外，还应该掌握研磨度的调试方法。不同磨豆机的调节方法不同。

图 2-10　使用量杯进行咖啡测试

步骤四： 研磨咖啡豆

此步骤仅限于使用手动拨粉的磨豆机，如果使用的是定量磨豆机，则该步骤需放在步骤五之后进行。由于研磨后的咖啡豆更容易吸收空气中的水分和氧气，会对咖啡的出品产生影响，所以咖啡师应该注意做到“用多少咖啡粉就磨多少咖啡粉”，这也是避免造成浪费的一种良好的操作习惯。

图 2－11 启动磨豆机研磨咖啡豆

步骤五： 冲洗冲煮头

取下手柄时，咖啡师应该按下出水按钮冲洗冲煮头（Coffee group head），这样有利于保持冲煮头的洁净，同时也能保证水温的稳定，非常有利于制作高品质的咖啡。

图 2－12 启动冲煮头放水

步骤六：擦拭冲煮手柄（Coffee brewed handle）

咖啡师将取下的冲煮手柄用布擦拭干净，而且要注意咖啡手柄的温度，以免烫伤。擦拭时要注意里外都要擦拭干净，不能在冲煮手柄中残留任何物质，以免污染冲煮好的新鲜咖啡。

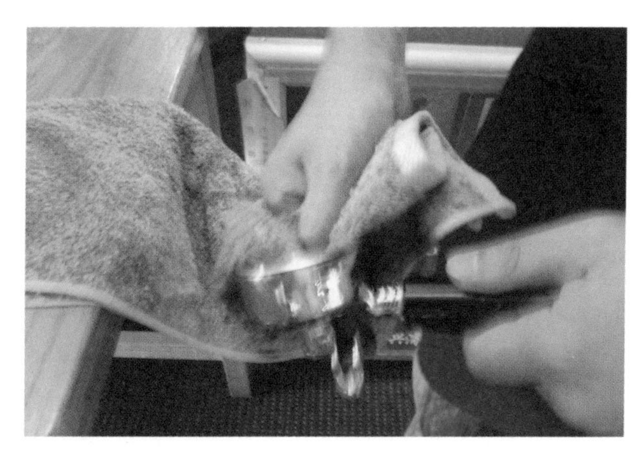

图 2－13　仔细擦拭手柄

步骤七：填粉、布粉（Doesing）

好的咖啡萃取与咖啡师的操作息息相关，其中有 60% 的原因来源于研磨和布填粉技术。落粉、填粉和布粉动作体现了咖啡师对每杯咖啡的重视程度。因此，咖啡师应该关注如何使咖啡粉均匀分布在滤碗（filter bowl）内。

图 2－14　将适量咖啡粉落至滤碗中部

图 2－15　使咖啡粉均匀分布

步骤八： 压粉 （Tamp）

压粉即将填满的咖啡粉夯实，保证在高水压的情况下水能够同时、均匀地分布其中，保证咖啡液的萃取达到稳定的状态。将手柄靠在台面，并与桌面垂直，以20磅的力量将压粉器（Tamper）平稳垂直地向下压，最后旋转压粉器一圈。

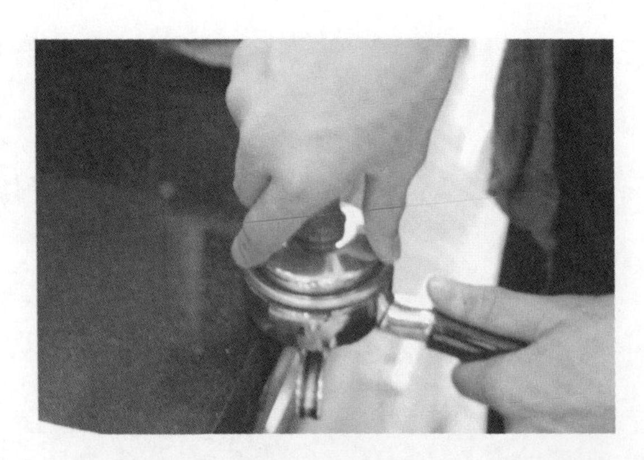

图2－16　垂直、有效和平稳的压粉动作是均匀萃取的关键

步骤九： 清洁滤碗

在压粉的过程中，难免会有一些咖啡粉残留在冲煮手柄或者滤碗的周围。为了更好地保护胶圈，使其不受损坏，在开始冲煮的时候一定要将滤碗周围的咖啡粉完全清理干净。一般可使用手指将多余的咖啡粉向咖啡磕渣槽（Knock box）里清扫。

图2－17　清洁滤碗

步骤十： 立即冲煮

咖啡粉夯压好之后，为了避免其受到污染，需将咖啡手柄立即套上咖啡机准备冲煮。在套手柄时应该注意将手柄箍紧，以免热水喷洒出来烫伤自己。冲煮手柄套上咖啡机后，冲煮头内的水分会令咖啡湿润，如果不立即进行冲煮的话，咖啡的味道就会发生变化。所以套上手柄后，应该立即按下冲煮开关。

对于新手咖啡师，在按蒸煮开关的同时要按下计时器的“开始”按钮，以便计算冲煮的时间。熟练的咖啡师可通过观察咖啡的流速和颜色来判断时间。按下冲煮开关后，一般的咖啡机都有 5 ~ 10 秒的时间进行咖啡粉的预浸泡，这样咖啡师有足够的时间将咖啡杯摆放到手柄的下方。

图 2 – 18　立即冲煮动作考验咖啡师操作的熟练程度

步骤十一： 结束冲煮

当咖啡液萃取到 25 ~ 35mL 后，应该立即结束冲煮。

步骤十二： 倒粉渣

将萃取好的咖啡摆在准备好的碟子上面，将冲煮手柄中的咖啡粉渣倒进咖啡磕渣槽，将咖啡冲煮手柄擦拭干净，并将干净的咖啡冲煮手柄重新挂上冲煮头。

图 2-19　咖啡萃取结束后应该立即磕掉粉渣

步骤十三：饮品服务

咖啡师应该第一时间备齐咖啡匙、糖包及小块精致的点心给客人，并用托盘为客人提供服务。如果客人喜欢快捷式服务，则一般会在吧台饮用完后立即付款。

图 2-20　为客人提供周到的服务是咖啡师的重要技能

● 拓展知识

意大利咖啡文化中关于意式浓缩咖啡的“4M”因素

1．Macinazione：正确的磨粉粗细

咖啡豆研磨得太粗或太细都无法泡出浓稠又美味的浓缩咖啡。咖啡粉太粗，滤碗里的咖啡缝隙太大，对水的阻力不够，咖啡流速太快，容易造成萃取过度，使咖啡过于焦苦。

咖啡粉的粗细是否合适可从流速判知，原则上一盎司浓缩咖啡的萃取时间控制在20～30秒之间，咖啡粉的粗细应该不致太离谱，此时从滤碗流出的咖啡呈冲出状或水柱状。如果不到15秒就萃取出一盎司咖啡，则表示咖啡粉太粗了，得到的是一杯萃取不足的咖啡。如果咖啡一滴一滴地从滤碗中滴出，一盎司要花半分钟以上，则表示咖啡粉太细，导致萃取过度。店员要随时留意咖啡的流速，并调整磨豆机，来掌控准确的流速与萃取。另外，咖啡粉置留在磨豆机里的时间最好不要超过半小时，否则会受潮或氧化，香味尽失。

图2－21　正确的研磨要求颗粒均匀

2. Misdeal：咖啡豆综合配方

意大利人不屑单品咖啡，认为单一产地的咖啡口味不均衡，必须综合各大洲的咖啡才能调出风味绝佳的浓缩咖啡。另外，意大利人为了提高饮品的稠度，特别添加了在海拔较低的地方种植的罗布斯塔豆，这与北欧和美国只采用阿拉比卡豆不屑罗布斯塔豆的做法大异其趣。

图 2－22　illy 咖啡的拼配最能体现意式咖啡风格

3. Macchina：浓缩咖啡机

制作完美的浓缩咖啡一定要用浓缩咖啡机，商业用浓缩咖啡机可提供 9 个大气压的压力，如此才能萃取出咖啡的精华。咖啡师每天都要做好浓缩咖啡机的清洁工作，以免咖啡油脂残留其中，产生异味。

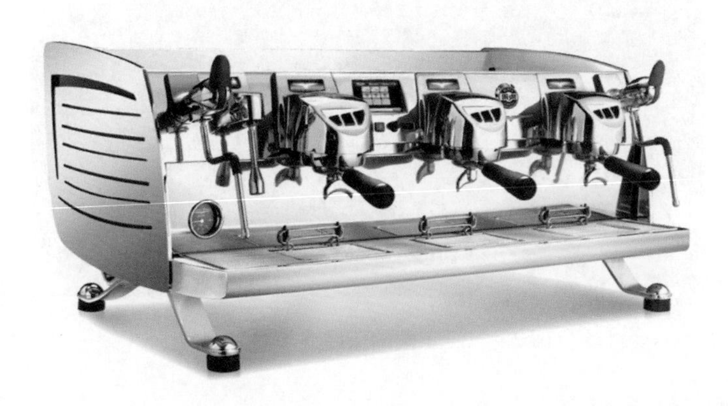

图 2－23　世界咖啡师大赛指定用机——Nuova Simonelli Black Eagle 咖啡机

4. Mano：店员的手艺

这“4M”因素中最重要的就是店员（Barista），如果店员不懂咖啡，专业技术不够，再好的咖啡豆、磨豆机和咖啡机也形同虚设，因此店员要有强烈的进取心和热情，才能确保每杯饮料的品质。

在意大利的大小城镇，随处可见古老的浓缩咖啡馆，喝过的人会有疑问：“为何意大利咖啡馆如此之多，但品质却好得出奇，优于其他国家？”意大利咖啡馆最大的秘密武器就是一批训练有素、充满使命感的店员，他们的专业程度是其他国家的咖啡馆员望尘莫及的。

Barista 是意大利文，也就是英文的 bartender。美国的咖啡馆员每天忙进忙出，赚取最低工资。但意大利的店员却享有崇高的地位和优厚的待遇。对意大利人而言，调制咖啡是神圣的，店员调制每一杯咖啡，犹如赛车好手驾驭一级方程式赛车、爵士乐手吹奏小号，那份专注令人感动。

对意大利店员而言，他们必须兼具多种绝活，除了要有调制各式咖啡饮料的能耐，还要亲切地与客人交谈，重视自己的服装仪容并提供周到的服务。他们凭借自己专业能力与手艺，赢得社会各界的尊敬与口碑，因此流动率低得出奇，罗马、佛罗伦萨或那波里的咖啡馆店员一干就是数十年，无论你什么时候去，都能看到手脚麻利的熟面孔。

如何抹平滤碗中的咖啡粉

图 2－24　抹平咖啡粉绝不是多余的动作

上周，我在网站上做了一份调查问卷。问卷中只有一个问题，那就是“在制作意大利浓缩咖啡时，你是如何抹平滤碗中的咖啡粉的（这一动作在英文中为‘Distribution’）”。

这里所说的“Distribution”是指咖啡粉在经磨豆机分量器进入滤碗后，需经人工抹平，才可进行压粉。这一动作能够保证水在萃取过程中的流速和压力的平稳，从而提升萃取的均匀程度。

在一周的时间里，我一共收到了3 000份回复，而其中有很多人给出的答案竟是“其他方法（Other）”。在世界各地，咖啡师抹平咖啡粉的方法各有不同，有用线的，有用牙签的，有用信用卡的，有用刀子的，还有用做蛋糕时使用的刮刀的。我得到的回复更是五花八门，有用“自创工具”的，有用“芝加哥垂直压平法（Chicago Drop）”的，有用“格威利姆·戴维斯（Gwilym Davies，2009年世界咖啡师大赛冠军）式抹平法”的，甚至还有用“我的女朋友”的。

当然，我关注的是大多数人的反馈。为此，我大致做了一个分类，并计算出每种方法的使用人数比例：（排列顺序为比例由高到低）

（1）用手指抹平——30%；

（2）用手掌抹平——20.6%；

（3）不抹平，直接压粉——14%；

（4）Stockfleth式抹平法——10.4%；

（5）其他方法——7.9%；

（6）用专业分量器抹平——5.9%。

其中，回复“其他方法”的人中出现频率最高的方法为：

（1）垂直压平——2%~3%；

（2）用手指或手掌在滤碗边缘轻敲——2%~3%；

（3）使用其他工具——2%~3%。

和其他咖啡制作技巧一样，虽然我对研究抹平咖啡粉的手法很感兴趣，但我并没有尝试过所有方法。我认为我自己的方法能够保证咖啡的均匀萃取，但其实我和90%的人的方法都有所不同。这让我在担心无法正确评估其他人手法的同时，又感到无比惊喜。

图2－25　抹平咖啡粉是优质萃取的基础

因此我用一周的时间测试了各种方法。但当我的实验进行到一半时，我发现自己的测试方法漏洞百出。

在此，我总结了一下判断抹平的手法是否高效、准确的方法。当然，我也会对当前最流行的几种方法做出评论。

在评判抹平手法时，我们必须要掌握一系列评判标准。按重要性排序，它们依次为：萃取、咖啡品质的恒定、抹平的速度，以及个人卫生和台面的清洁程度。让我来为大家一一论述。

1. 萃取

精确的抹平手法能够保证咖啡的均匀萃取。咖啡的均匀萃取有一个极限值。我们能够做的就是不断完善我们的抹平手法，以不断接近这个极限值。

但要记住，抹平的手法无法改变研磨粗细、烘焙程度等导致的萃取不均。它只能够保证在其他因素尽可能完美的基础上，让咖啡萃取的均匀程度得以进一步提高。是的，每一个细节都极为重要！

要想测试某种抹平手法是否能够保证萃取均匀，我们需要在保证其他因素不变的前提下测试各种抹平手法，并品尝咖啡的味道是否有区别、咖啡的萃取是否有偏差。说到品尝，完美的抹平手法能够让意大利浓缩咖啡更加甘甜，口感更加浓郁，同时能够避免萃取不均匀导致的口味缺陷。而在评判萃取过程时，完美的抹平手法使得萃取过程更为流畅，咖啡的萃取更加充分。

当然，我并不是说萃取得越浓、越充分，咖啡的品质就越好。我的意思是，完美的抹平手法能够萃取出咖啡中更多的精华物质，从而使咖啡整体萃取更加充分，口感更加浓郁。

2. 咖啡品质的恒定

完美的抹平手法能够保证每杯咖啡的品质比较恒定。品质的恒定非常重要。要想检测你所制作咖啡的品质是否恒定，最好的方法就是制作多杯咖啡，并评测它们的口味和萃取过程。如果咖啡的口感和萃取过程差别不大，那就说明你所制作的咖啡品质较为恒定。

还有一种检测品质恒定的方法就是看你所用的制作技巧是否在别人那里也奏效。如果你和同事的制作技巧无法互换，那就说明你俩所使用的制作方法并不能保证咖啡品质的恒定。最完美的制作技巧极易习得，适用率高，学习起来也并不麻烦。

3. 抹平的速度

完美的抹平手法一定是快速的。没错，抹平的速度一定要快。假设你每天要制作 500 杯咖啡，方法一所用时间为 2 秒，方法二则为 5 秒，那么一天下来两者相差时间则为 25 分钟。这对于咖啡厅里意大利浓缩咖啡的制作流程极为重要。如果在抹平时你需要借助其他工具，或是用抹布擦拭手柄，抑或是加入其他多余动作，你所使用的抹平手法的速度就会变慢，制作咖啡的效率也会随之降低。

我觉得，有时为了保证咖啡的均匀萃取和咖啡品质的恒定，牺牲一些速度也是值得的。但记住，掌握好品质与效率之间的平衡才是最重要的。

4. 个人卫生和台面的清洁程度

保证咖啡师自己和台面的清洁是进行咖啡制作的重要前提之一。如果接触咖啡粉的时间过长，皮肤就会变得非常干燥，污渍也很难除去。如果你无法保证自己的手时刻保持清洁，不仅会导致你的皮肤受到损害，还会让其他地方也变得脏乱不堪（例如会在咖啡杯上印上指印），同时你还得去洗手，如果不洗便会污染到咖啡本身（虽然咖啡是经高温消毒的，但你时刻都不能疏忽大意）。我的建议是，不要用手去触碰咖啡。虽然用手抹平咖啡有一定的好处，但这种方法绝对是弊大于利的！

除个人卫生外，吧台台面的清洁也十分重要。在抹平咖啡粉时，你得保证不把台面弄脏弄乱。如果你的方法非常浪费咖啡粉，并且无法保证滤碗中咖啡粉量的精确无误，那么你的抹平手法极有可能是不可取的。时刻保持台面清洁同时能够为你之后高效地进行咖啡制作提供保障。

5. 其他评判标准

当然，还有很多其他可以用来评判抹平手法是否高效、准确的方法。其一就是观察出水口处咖啡流出的时间和位置。当然，这种方法的准确性并不太高。如果咖啡先从两侧流出，再从中间流出，这就说明你的抹平手法使滤碗中部的咖啡粉过于集中。如果某一侧的水流最先流出，那就说明滤碗这一侧的咖啡粉过少。

另一个方法就是检测压粉之后粉饼的密度。用一个塑料片或是铁片刮去滤碗中一定的咖啡粉使得剩余的咖啡粉体积为原体积的 95%。在每次抹平、压粉之后，刮去一部分咖啡粉，并测量粉重。若每次的测量结果不统一，那就说明你所使用的抹平手法并不精确，不能保证每次咖啡粉的用量始终如一。

（本文转摘自 Cafe Culture 微信，英文原文地址：http：//baristahustle. com/distribution - for - espresso/，2015 - 04 - 02）

任务二

卡布奇诺咖啡的制作

● 学习线索

卡布奇诺咖啡是一款非常流行的咖啡，咖啡中含有细密的牛奶奶泡、香甜的热牛奶和芳醇的咖啡，是一款考验咖啡师咖啡制作技能的咖啡。

● 导入情景

Thomas 喜欢喝牛奶咖啡，特别喜欢喝卡布奇诺。他了解到，其实卡布奇诺咖啡还有更加详细的分类，一种是可以拉花的卡布奇诺，而另外一种是传统的黄金圈卡布奇诺。这两者之间又有什么区别呢？

图 2－26　可以拉花的卡布奇诺（左）和传统的黄金圈卡布奇诺（右）

● 任务描述

制作优质的牛奶奶泡，与完美的意式浓缩咖啡融合做成卡布奇诺咖啡。

● 相关知识

一、 牛奶咖啡的起源

1683 年，土耳其军队第二次进攻维也纳。当时的维也纳皇帝奥博德一世与波兰国王奥古斯都二世订有攻守同盟，约定波兰人只要得知维也纳被敌入侵的消息，增援大军就会迅速赶到。但问题是，谁来突破土耳其人的重围去给波兰人送信呢？曾经在土耳其游历的维也纳人柯奇斯基自告奋勇，以流利的土耳其话骗过围城的土耳其军队，跨越多瑙河，搬来了波兰军队。

奥斯曼帝国的军队虽然骁勇善战，但在波兰和维也纳军队的夹击下，还是仓皇逃窜了。逃走时，他们在城外丢下了大批军需物资，其中就有 500 袋咖啡豆——伊斯兰世界控制了几个世纪不肯外流的咖啡豆就这样轻而易举地到了维也纳人手上。但是维也纳人不知道这是什么东西，只有柯奇斯基知道这是一种神奇的饮料。于是他请求把这 500 袋咖啡豆作为突围求救的奖赏，并利用这些战利品开设了维也纳的首家咖啡馆——蓝瓶子（Blue Bottle）。

刚开始的时候，咖啡馆的生意并不好。原因是基督教世界的人不像穆斯林那样，喜欢连咖啡渣一起喝下去；另外，他们也不太适应这种浓黑焦苦的饮料。于是聪明的柯奇斯基改变了配方，过滤掉咖啡渣，并加入大量牛奶——这就是如今咖啡馆里常见的拿铁咖啡的原创版本。“拿铁”是意大利文“Latte”的译音，原意为牛奶。拿铁咖啡（Coffee Latte）是花式咖啡的一种，是咖啡与牛奶交融的极致之作，意式拿铁咖啡纯为牛奶加咖啡，美式拿铁则将牛奶替换成奶泡。

图 2-27　牛奶咖啡出现后人类将艺术元素加入其中

二、卡布奇诺咖啡的由来

卡布奇诺（Cappuccino）意思是意大利泡沫咖啡。1525 年以后的圣方济教会（Capuchin）的修士都穿着褐色道袍，头戴一顶尖尖的帽子。圣方济教会传到意大利时，当地人觉得修士服饰很特殊，就给他们起了“Cappuccino”这名字，是指僧侣所穿的宽松长袍和小尖帽，源自意大利文“头巾”，即“Cappuccio”。意大利人爱喝咖啡，发现浓缩咖啡、牛奶和奶泡混合后，颜色就像是修士所穿的深褐色道袍，于是灵机一动，就给牛奶加咖啡又有尖尖奶泡的饮料，取名为卡布奇诺（Cappuccino）。

图 2-28　来自圣方济教堂的壁画展示了卡布奇诺咖啡的原型

图 2-29 “黄金圈”是干卡布奇诺咖啡的标签（图片取自“堆糖”网站）

英文最早使用这一名称是在 1948 年，当时旧金山的一篇报道率先介绍卡布奇诺饮料，然而一直到 1990 年以后，它才成为世人耳熟能详的咖啡饮料。卡布奇诺咖啡是一种加入等量的意大利特浓咖啡和蒸汽泡沫牛奶相混合的意大利咖啡。传统的卡布奇诺咖啡是 1/3 浓缩咖啡、1/3 蒸汽牛奶和 1/3 泡沫牛奶。特浓咖啡的浓郁口味，配以润滑的奶泡，颇有一些汲精敛露的意味。撒上了肉桂粉的起沫牛奶，混以自下而上的意大利咖啡的香气，新一代咖啡族为此心动不已。传统的卡布奇诺咖啡喝起来有着牛奶棉花糖般的感受，咖啡的香醇感能够凸显，这种卡布奇诺被称为干卡布奇诺（Dry Cappucino）。

然而伴随着技术的改良和人们对于咖啡与牛奶融合口味的追求，卡布奇诺咖啡风格开始发生变化。一种既能体现牛奶甜美和咖啡融合后的牛奶糖咖啡风味，口感如融化后冰淇淋的湿卡布奇诺咖啡（Wet Cappucino）开始出现。人们将流动性极强的牛奶奶泡，冲入意式浓缩咖啡中，形成美丽的咖啡拉花图案。这种更加讲究咖啡与牛奶融合的卡布奇诺咖啡更能够展现优质咖啡的风味。

图 2-30 有如冰淇淋般口感的拉花卡布奇诺

三、 奶泡的作用

根据以上所述，不同风格的卡布奇诺咖啡风味差异极大。其中决定卡布奇诺咖啡风味的重要因素之一就是牛奶奶泡的制作技术。在世界咖啡师大赛中，其中评价考核比重最大的是卡布奇诺咖啡制作，这正说明了制作卡布奇诺咖啡最能考验咖啡师的技术功底。

奶泡的英文单词为“milk foam”，是花式咖啡中不可缺少的成分。细滑、绵密的奶泡能使咖啡浓香与其完美结合，口感丰富、芳醇；奶泡表面的张力使得咖啡师能够从容地在咖啡的表面创作出不同的艺术图案。在西方，人们将用奶泡绘制图案的咖啡制作方式叫作“Latte art”，即咖啡拉花艺术。

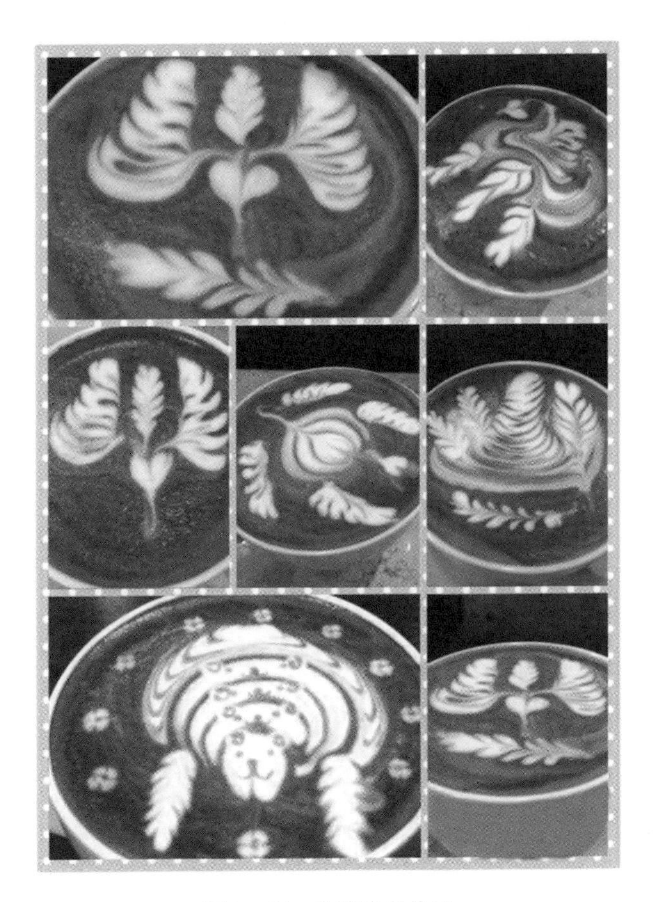

图 2－31　咖啡拉花作品

四、奶泡形成的原理

产品种类：全脂灭菌纯牛乳
配　料：鲜牛奶

营养成分表

项目	每100ml	NRV%
能量	280 KJ	3
蛋白质	3.1 g	5
脂肪	3.6 g	6
碳水化合物	5.0 g	2
钠	53 mg	3
钙	100mg	13
维生素A	16μgRE	2
维生素B2	0.12mg	9
磷	100mg	14

非脂乳固体 ≥ 8.5%
可能会有少量蛋白沉淀和乳脂肪上浮
属正常现象　饮用前请摇匀

图2－32　牛奶包装上的成分表

牛奶可以分成全脂牛奶和低脂牛奶，在国外还会选择使用豆奶来制作奶泡。咖啡师在制作奶泡时一般都会选择全脂牛奶，因为全脂牛奶中的脂肪有助于迅速发泡，并且形成具有较好弹性的奶泡，但是脂肪本身分子太大，密度不够细腻。真正影响牛奶奶泡细腻光滑程度的是牛奶中大量的蛋白质。除此之外，牛奶中的碳水化合物和矿物质的含量会影响牛奶的味道。以上物质在不同的温度下都会发生变化，影响与咖啡融合的牛奶质量。因此，咖啡师在制作牛奶奶泡时应该密切关注牛奶温度的变化情况。

经过加热，全脂牛奶中的分子逐步变得活跃，牛奶本身的蛋白质首先会发生分解作用，在40℃前蛋白质分子迅速分解，容易形成光滑细腻的奶泡。在蒸汽的推动下，牛奶逐步均匀地与空气接触，空气中的分子逐步被牛奶中的蛋白质分子吸附，形成了我们所说的“奶泡”。40℃后脂肪分子也会发生分解，但此时的奶泡会比较膨胀，因此在40℃后形成的奶泡质量不会太高，不宜继续进行发泡。当牛奶温度达到65℃时，碳水化合物开始分解，乳糖的含量逐步减少，甜度会降低，因此牛奶的制作应该在此时结束。

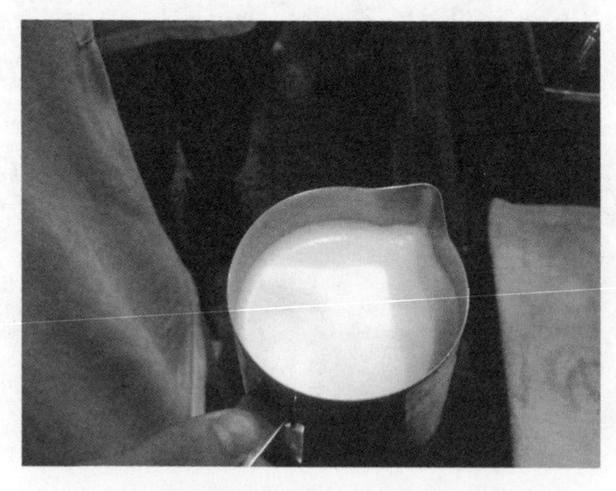

图2－33　掌握温度是加热牛奶的关键技术之一

● 任务实施

步骤一：　制作意式浓缩咖啡

用意式咖啡机制作两杯浓缩咖啡并装入 150～180mL 的卡布奇诺咖啡杯中。

图 2－34　良好的咖啡底决定卡布奇诺咖啡的美味

步骤二：　倒入牛奶

根据咖啡杯的分量倒入适量的牛奶，如咖啡杯为 180mL，其中浓缩咖啡为 30mL，则需要往咖啡杯中再倒入 150mL 牛奶。因此，如果使用 300mL 的奶缸则需要倒入一半牛奶。

图 2－35　奶缸的型号选择由制作的咖啡分量来决定

步骤三： 空喷蒸汽

图 2－36 所示是操作中必做的动作，可以排空蒸汽棒里的水分，以免蒸汽棒的水分过多而影响到奶泡的质量。

图 2－36　排空蒸汽管是保证牛奶质量的第一步

步骤四： 蒸汽管进入牛奶

蒸汽管的定位是制作奶泡的关键技术，没有好的定位就不能迅速形成奶泡。不同发泡方式的蒸汽管定位不同。旋转左右发泡方式要求奶缸倾斜 45°，蒸汽管位于牛奶液面的左后或者右后部分，蒸汽管插入牛奶液面以下约 1cm 处。

图 2－37　旋转左右发泡方式的定位

垂直上下发泡的方式则不需要倾斜奶缸，蒸汽管位于牛奶液面的正上方或者正下方，蒸汽管插入牛奶液面以下约 1cm 处。

图 2－38　垂直上下发泡方式的定位

步骤五：　打开蒸汽阀门

将蒸汽阀开到适中的位置。掌心向上握住蒸汽开关，旋转 180°即可。不能直接将蒸汽阀开到最大。开启阀门后，将开启阀门的手放到奶缸的底部感受牛奶的温度。

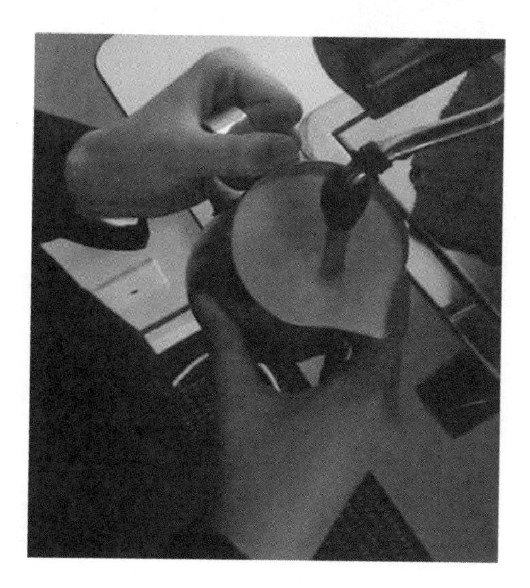

图 2－39　感受奶温的变化非常重要

步骤六： 牛奶发泡

调整各种角度，使牛奶与空气能够均匀结合，制作出细腻的奶泡。牛奶发泡的关键在于下拉奶缸的动作，奶缸缓慢下拉则能保证牛奶充分发泡，发至相应的奶泡分量则停止发泡，快速上提奶缸。

步骤七： 结束制作

当牛奶温度达到60℃～65℃时，将奶缸迅速向上提起，将蒸汽棒插入奶缸中，但蒸汽棒不能接触缸底，蒸汽阀门关闭后再将奶缸取出。将半干湿抹布折成多层包住蒸汽棒，开启蒸汽阀门排气，并擦拭蒸汽喷头，擦拭干净后取下抹布，关闭蒸汽阀门，将蒸汽棒放回原位，再排一次气。

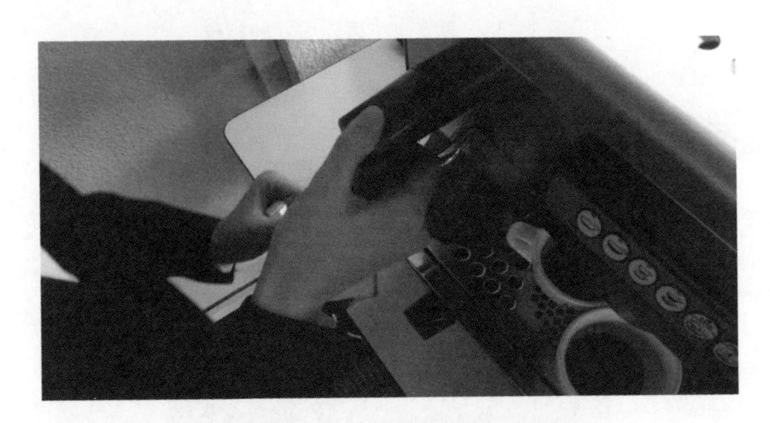

图2－40　及时关闭蒸汽阀门

图2－41　保证蒸汽管上无牛奶残留

步骤八：晃动奶泡或者静止

先在桌子上轻轻敲击奶缸，然后静止约 10 秒，再用手腕顺时针旋转奶缸直至奶泡呈现出亮丽的光泽、表面的奶泡细腻均匀方可。同时这个动作也是保证牛奶跟奶泡始终融合在一起，不会分离出来的关键。晃动的动作在注入意式浓缩咖啡时结束。

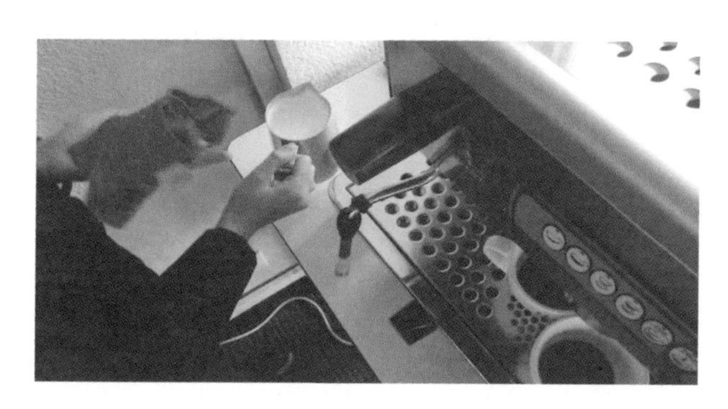

图 2－42　晃动牛奶奶泡可以保证咖啡质量更高

步骤九：咖啡与牛奶的完全融合

将制作好的热牛奶按照一定的流程注入意式浓缩咖啡中。将卡布奇诺杯子摆侧，在咖啡液面的中心点注入牛奶。

图 2－43　将意式浓缩咖啡摆侧

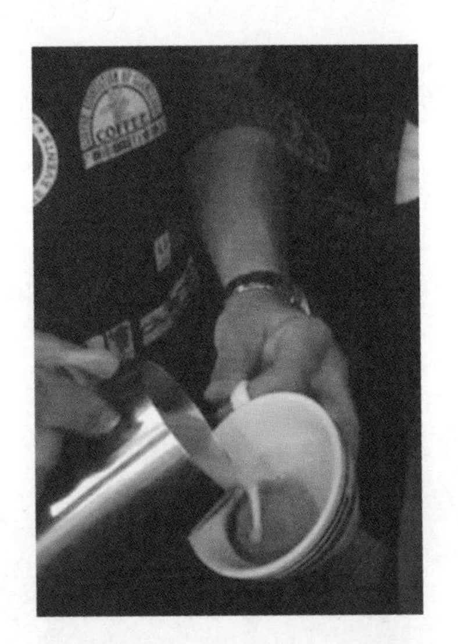

图 2－44　在中心点注入牛奶

拉高奶缸至一定的高度，保持统一的牛奶流量，以画圈圈的方式进行牛奶与咖啡的融合，在此过程中，牛奶不能出现断流现象。

图 2－45　细流量的牛奶在咖啡中画圈圈能够保留更多的咖啡油脂

步骤十：　在咖啡中创作图案

当牛奶融合至咖啡杯的六至八成满的时候，将奶缸往下放至咖啡液面中心，加大流量进行成图创作。利用手腕的稳定左右晃动可以进行多种图案的创作。

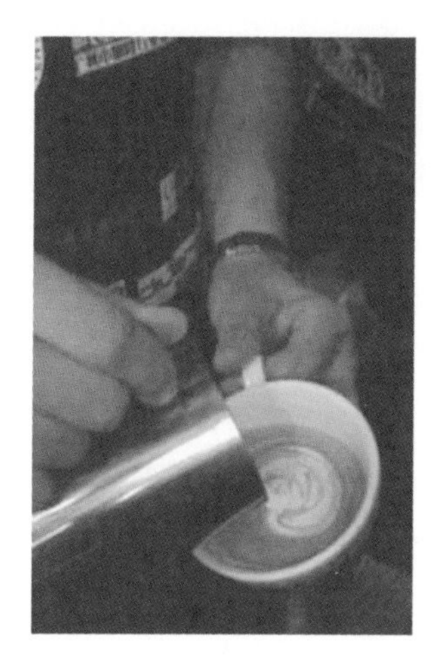

图 2－46　手腕稳定是拉花图案美观的保证

图 2－47　收尾动作需要抬高奶缸向前以极细奶量注入

● 拓展知识

意式半自动咖啡机蒸汽制作奶泡问题汇总

1. 准备知识

了解咖啡机蒸汽系统的正确操作流程，明白打奶泡前后空喷蒸汽管的目的，明白毛巾和随手清洁在咖啡制作中的重要意义。学会如何用喷头接触奶面，熟悉选点的位置、深度。

2. 两个温度问题

一个是发泡的起止温度，一个是奶泡制作完成的温度。这两个温度对于初学者来说是非常重要的，这直接关系到是否掌握奶泡的打发原理。先说发泡，牛奶最初是冷的（最好能在5℃充分冷藏，这可以延长发泡时间，使其能发泡充分、泡沫细腻），然后打开蒸汽阀门，对牛奶进行发泡。发泡至与人体温度一致的时候（手感不冷不热），停止发泡。接下来说说停止打奶泡时的温度。用手感觉温度的时候（处于持续加热中）比较烫手，但能忍受两三秒的时间；温感一到就停止加热（停止加热后端在手上感觉很烫，但能拿得住）。有些地方用温度计来量，我认为这种方法不好。技术是需要人用心去领悟的东西，借助外物对人本身技术的提升没有太大的好处。

3. 角度问题

认识奶缸与咖啡机蒸汽管接触的角度。通过观察许多国内外咖啡师打奶泡的过程，加上自己不断地尝试，我发现打奶泡有一个死角度。这个角度用文字表达起来很麻烦，大概是奶缸的缸嘴一定要抬起来，缸体要根据奶泡的转动方向倾斜。

4. 旋涡问题

旋涡的作用是把发出来的粗泡沫通过旋涡扯到液面以下，使表面干净。旋涡有很多种状态，每种状态都需要观察并记住。简单来说，要想有旋涡，蒸汽管的喷头不能深入奶面以下很多。

5. 奶缸移动问题

喷头与奶面接触好，即打开蒸汽阀门，这时奶缸非常缓慢地向下移动，会听到“哧哧”的蒸汽与奶液“剪切”所发出的声音，俗称“进气声”。进气到人体温度这个声音就不能再出现了，否则，表面会有特别大的粗泡沫。此时把奶缸向上移一点（只移一点，这很重要，很多人理解为持续向上移，这是错误的），让蒸汽喷头离开剪切面，听不到“哧哧”声即可。此时通过调整奶缸角度，记住是角度，而非喷头与表面的位置（非常小的角度调整），找到旋涡，把发泡阶段的粗泡沫扯下表面，定点持续到温度到达烫手的程度即可。

6. 蒸汽量问题

常在一些资料上看到这样的描述：打奶泡时，喷嘴一旦接触奶面，就将蒸汽阀全部打开。这一点我不太认同（两段式蒸汽阀门除外，因为那根本没办法去控制蒸汽量，在这里通指主流的旋钮式的蒸汽阀）。其实这种说法没有太大的问题，但作为初学者，对手上的轻重是没办法去控制的，阀门钮常被拧到滑丝。即使是咖啡达人们，我也觉得最好不要采用这个方法去操作蒸汽阀门。

气压在锅炉里形成后，我们打开蒸汽阀门，不管打开多大，蒸汽都是以这个压力往外喷。只是蒸汽量有点小，不是压力小。我建议只需打开阀门到能够正常打奶泡的范围就可以了，没必要全开。这样能使咖啡机阀门更加长寿。下面再来说说这个职业习惯的养成方法。比如你的咖啡机仅需朝开的方向拧三下（切记，是三下，而非三圈），就能够喷出足够用于打奶泡的蒸汽量。开三下，关也三下。当然，如果开两下或四下才有充足的蒸汽量，那也按上面的方法，以此类推。

7. 杀猪般的尖叫声问题

牛奶没有发泡这个过程，或发泡量非常少，就会产生这种声音。直接原因就是喷头太深入牛奶液面以下。避免它出现的方法是把奶缸往下移，使喷头不要深入牛奶液面以下太多，此声音就会马上消失，取而代之的是我们想要听到的“哧哧”声。

8. 蒸汽控制力问题

就是不管用多大的气压（在锅炉允许范围内，个人理解：0.8～1.2个大气压），都能够打出质量非常到位的奶泡来。先建立一个前提：用600mL中号奶缸，打一缸适量满的奶泡，制作WBC标准的两杯奶泡厚度在1cm的Cappuccino。这个课题指的是奶泡的分配问题，即如何使两杯卡布奇诺咖啡的奶泡厚度一致的问题。稍有经验的操作者都清楚，要实现这一点是有一些小技巧的，这个技巧不难掌握，但一定要深刻地了解打好的奶泡在缸中所处的状态。

9. 奶泡控制力问题

主要包括以下几个方面：一是奶泡的发泡程度。控制奶泡发泡程度，是最难练习的一种控制奶泡的技巧，这个控制技巧要求操作者要有很强的理解能力，能参透牛奶发泡的原理。最简单可行的控制方法是：靠中比靠边强，靠上比靠下强。即喷嘴越靠近奶缸中部（但尽量不要在中间点，不然无法控制），发泡就越多、越强烈；越靠近缸壁（但不要太挨着缸壁，这会影响进气），奶泡量越少。喷嘴在第一个温度到达前越靠近液面，发泡越多。

前面已经说过打奶泡的几个标准，其中一个是想打多少奶泡就打多少奶泡；能打七分满，决不打九分满；制作一杯饮品，决不打两杯的奶泡量出来；每次做出来的卡布奇诺咖啡在奶泡质量方面一定要是一致的。在这个控制力练习中，有一个三点一线的理论在里面，这三点分别是：缸嘴、缸把与喷头，这三点在一条直线上，通过调节1号点与2号点的距离，实现奶泡程度的控制。奶泡的控制力问题还包括奶泡表面的干净度。这是一个相对容易的控制力练习，前面我们说过打奶泡的一个死角问题。虽然对奶泡的理解达到一定程度后，角度问题已经不重要了，但对于初学者或还没有参透牛奶发泡原理的操作者来说，这个角度还是要掌握的。这里顺便说一个方法，不要去看奶缸内部，主要看奶缸与咖啡机、蒸汽管的相互关系。一直看、使劲看，看到你找到感觉为止。

（本文选自“咖啡沙龙”论坛）

任务三 花式咖啡饮品调制

学习线索

花式咖啡是以咖啡为基底，运用多种调制方式，融入其他原料如牛奶、巧克力、糖、酒、茶、奶油等，把丰富口味与创意完美结合的咖啡饮品。而意式咖啡机的发明更加促进了花式咖啡的发展。

导入情景

来到咖啡厅，John 喜欢寻找一些具有这间咖啡馆特色的花式咖啡。花式咖啡也是咖啡馆能够进行创作和生存的最重要产品之一。

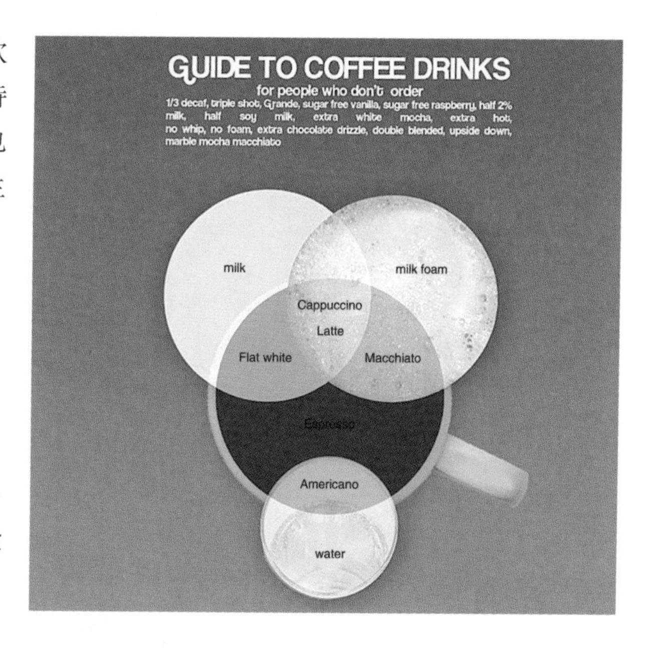

图 2 – 48　不同元素组合可以做成不同的咖啡产品

● 任务描述

调制各式著名的花式咖啡，注重奶泡、咖啡、热牛奶的分层处理，以满足客人享受咖啡口感和口味的变化的需要。

● 相关知识

花式咖啡是咖啡馆为了迎合客人的口味而创制的咖啡种类。花式咖啡可以在意式浓缩咖啡中加入各种类型的可食用的原材料，以达到增强香气、口感、味道或者外形美的目的。各种口味类型的花式咖啡诠释着人类不同的饮食风格，下面介绍几种花式咖啡。

一、 摩卡奇诺

“摩卡”二字，在咖啡的语录里，是巧克力的代名词。当浓烈的 Espresso、魅惑的热巧克力，与温柔的牛奶在杯中相遇，便交织成无数咖啡族最想念的风味；在温过的杯中，依次加入 1/3 深焙热咖啡（如 Espresso）、1/3 热巧克力和 1/3 牛奶泡沫，最后撒上少许巧克力粉；巧克力加上牛奶的温柔诱惑，是单调生活里，心灵与味觉一次小小的放纵。

有人说巧克力和咖啡是天生的绝妙搭档，其原因就在于巧克力溶入咖啡后的神奇味道，比各自单一入口要细致美妙，不仅可以调和咖啡的苦味，更可补充热量。现在，咖啡加巧克力已成为欧洲人上山滑雪时最爱的热饮。

图 2－49　巧克力溶入咖啡后制得的摩卡奇诺甜美丝滑

二、 爱尔兰咖啡

爱尔兰咖啡最早出现于爱尔兰达布林，却盛行于旧金山，最后遍布全世界，是非常有名的咖啡冲泡方式，通常是加入爱尔兰威士忌。

材料：现煮热黑咖啡140cc、咖啡方糖两块、爱尔兰威士忌15cc、发泡奶油。

器具：爱尔兰咖啡架一套、糖夹一把、火柴。

制作方法：先将咖啡、方糖、酒放入爱尔兰咖啡杯中，再将杯子放在爱尔兰咖啡架上，直至方糖熔化再将杯子取下，往杯中倒入咖啡并打上发泡奶油。

图2-50 爱尔兰咖啡是一种充满力量的花式咖啡

三、 皇家咖啡

这是由一位能征善战的皇帝发明的美味咖啡，他就是法兰西帝国的皇帝拿破仑。据说拿破仑远征苏俄时，因遇酷寒冬天，于是命人在咖啡中加入白兰地以取暖，因而发明了这种咖啡。皇家咖啡后来随拿破仑的威名流传开来。刚冲泡好的皇家咖啡，在舞动的蓝白色火焰中，猛然窜起一股白兰地的芳醇，勾引着期待中的味觉。雪白的方糖缓缓化为诱人的焦香甜味，再混合浓浓的咖啡香，小口小口地品啜着，苦涩中略带丝丝的甘醇，将法兰西的高傲、优雅、浪漫完美演绎，的确有皇家风范。

往咖啡中加入酒品，是咖啡的另一种品尝方法。咖啡与白兰地、伏特加、威士忌等各种酒类的调配都非常适合，与白兰地相调配尤其适合。白兰地一般是将葡萄酒发酵，再次蒸馏而制成的酒，其与咖啡的调和苦涩中略带甘甜的口味，不仅是男士的最爱，也深受女士们欢迎。

材料：现煮热黑咖啡 140cc、咖啡方糖两块、白兰地 5cc。

器具：皇家咖啡专用杯一套、皇家咖啡专用勺一只、糖夹一把、火柴。

制作方法：咖啡勺上搁着浸过白兰地的方糖和少许白兰地。关掉室内的灯光，用火柴点燃方糖，就可以看到美丽的淡蓝色火焰在方糖上燃烧，等火焰熄灭方糖也熔化的时候，将咖啡勺放入咖啡杯中搅匀，香醇的皇家咖啡就做好了。

图 2－51　皇室咖啡代表高贵而典雅

四、欧蕾咖啡

欧蕾咖啡宛如拿铁咖啡的法国版。浪漫的法国人惯用比较大的杯子，发酵满溢的愉悦情绪。将半杯深焙热咖啡和半杯牛奶分别装在不同的容器内，然后同时注入一个像碗一般大的杯子里。最后，在咖啡表面装饰少许牛奶泡沫。当牛奶如海洋般泛滥杯中时，愉悦的活力也像浪花漫淹屋内。

材料：现煮热黑咖啡 70cc、热牛奶 70cc、发泡奶油、白兰地 5cc。

器具：贵夫人咖啡专用杯一套。

制作方法：将咖啡牛奶倒入杯中搅匀，再打上发泡奶油并倒入白兰地。

图 2－52　欧蕾咖啡是浪漫咖啡的代表

五、 玛琪雅朵咖啡

意大利咖啡真是“百花齐放”，其中包括康宝蓝与玛琪雅朵两朵花。只要在意大利浓缩咖啡中加入适量鲜奶油，即可轻松地制得一杯康宝蓝。嫩白的鲜奶油轻轻漂浮在深沉的咖啡上，宛若一朵出淤泥而不染的白莲花，令人不忍一口喝下。

图 2－53　玛琪雅朵咖啡是简约派咖啡的代表

在意大利浓缩咖啡中，不加鲜奶油、牛奶，只加上两大勺绵密细软的奶泡即可完成玛琪雅朵的制作。

材料：现煮意大利浓缩咖啡 30cc、牛奶泡沫 60cc。

器具：玛琪雅朵咖啡专用杯（90cc 意式浓缩咖啡杯）一套。

制作方法：将咖啡倒入杯中，再打上牛奶泡沫即可。

六、 墨西哥冰咖啡

墨西哥冰咖啡的造型非常有创意。清凉香醇，蛋黄新鲜浓润，易于肠胃吸收且美味可口。

材料：冰黑咖啡 180cc、特基拉酒 15cc、鸡蛋黄一个、糖水 15cc、发泡奶油。

器具：墨西哥冰咖啡专用杯一只。

制作方法：将咖啡、酒与糖水倒入杯中搅匀，打上发泡奶油并放入鸡蛋黄。

图 2－54　墨西哥冰咖啡是美丽咖啡的代表

七、 魔力冰淇淋咖啡

这一道充满创意与富有变化的神奇口味只属于年轻人。在冰凉的香草冰淇淋上倒入意大利浓缩咖啡，再用巧克力酱在鲜奶油和冰淇淋上自由构图，魔力般水乳交融的冰品咖啡，只留芳香与清爽在口中。

材料：现煮意大利浓缩咖啡 50cc、冰淇淋球两个（任选）、糖水 20cc、威化饼与甜心卷各一个、发泡奶油、巧克力米少许。

器具：冰淇淋杯一只。

制作方法：先将冰淇淋放入冰淇淋杯中，然后倒入咖啡与糖水的混合物，再打上发泡奶油并用威化饼与甜心卷做装饰，最后撒上巧克力米。

图 2－55　冰淇淋咖啡是年轻人的最爱

● 任务实施

步骤一：　制作热跳舞拿铁咖啡

预热玻璃咖啡杯（容量为 380～400mL）。将大约 150mL 的牛奶加热至 65℃～70℃，倒入已加进 15mL 果糖的玻璃杯中至四五分满，用长勺轻轻搅匀。将大约 150mL 冷牛奶倒入奶缸中，用咖啡机的蒸汽功能加热牛奶并打奶泡；将打好的奶泡用汤匙徐徐刮入玻璃杯中至七八分满。用意式咖啡机制作双份浓缩咖啡［Double Espresso (60mL)］。将浓缩咖啡沿着玻璃杯的内壁慢慢注入。稍过片刻，咖啡会停留在热牛奶和奶泡的中间，形成上下波动的状态。时间再长一点，还会形成分层的效果。

图 2－56　跳舞拿铁咖啡可以达到很好的分层效果

步骤二： 制作摩卡奇诺咖啡

预热玻璃咖啡杯（容量为380～400mL）。将大约230mL的冷牛奶倒入奶缸中，并加入3茶匙的巧克力粉，搅拌均匀。用咖啡机的蒸汽功能加热混合了巧克力粉的牛奶及打奶泡。用意式咖啡机制作双份浓缩咖啡［Double Espresso（60mL）］，倒入玻璃杯中。往玻璃杯中注入混合了巧克力粉的热牛奶至七分满，用汤匙添加奶泡至满杯。

图2－57 摩卡奇诺咖啡更加适应畅饮市场

步骤三： 制作皇家咖啡

预热皇家咖啡杯（容量为180mL）。制作美式咖啡或单品咖啡150mL，倒入皇家咖啡杯中。（可用意式咖啡机制作浓缩咖啡45mL再加热水至杯子的八分满，或用虹吸壶制作150mL单品咖啡）在咖啡杯口上架上一支皇家咖啡勺，然后放一颗方糖于勺内。让白兰地沿着方糖上方倒入小勺内，使方糖充分浸透白兰地。大约过两分钟后在方糖上点火，使白兰地徐徐燃烧，让方糖随着火焰慢慢熔化。待酒精完全挥发后，将小勺放入杯内搅拌均匀即成一杯皇家咖啡。

图 2－58　含酒精的咖啡更加刺激人的味蕾

● 拓展知识

图文解释 38 款经典的咖啡饮品

1. Ristretto

图 2－59　蕊思奇朵咖啡

成分：20mL 浓缩咖啡
杯型：90mL 小型咖啡杯

2. Espresso

图 2－60　意式浓缩咖啡

成分：30mL 浓缩咖啡
杯型：90mL 小型咖啡杯

3. Doppio

图 2－61　双份意式浓缩咖啡

成分：60mL 双份浓缩咖啡
杯型：90mL 小型咖啡杯

4. Lungo

图 2－62　Lungo 咖啡

成分：90mL 萃取时间较长的浓缩咖啡（浓度较低）
杯型：90mL 小型咖啡杯

5. Café Crema

图 2－63　瑞士咖啡

成分：150mL 萃取时间更长的浓缩咖啡（浓度最低）
杯型：150mL 小卡布奇诺咖啡杯

6. Espressino

图 2－64　玛罗奇诺咖啡

成分：30mL 浓缩咖啡；30mL 热牛奶；可可粉

杯型：90mL 小型玻璃咖啡杯

7. Café Affogato

图 2－65　阿芙佳朵咖啡

成分：30mL 浓缩咖啡；单球冰淇淋

杯型：150mL 小卡布奇诺咖啡杯

8. Café con Hielo

图 2－66 冰浓缩咖啡

成分：30mL 浓缩咖啡；冰块
杯型：150mL 小卡布奇诺咖啡杯
9. Café Cubano

图 2－67 黄糖浓缩咖啡

成分：30mL 跟黄糖一起冲煮的浓缩咖啡
杯型：90mL 小型咖啡杯

10. Bonbón

图 2－68　糖果浓缩咖啡

成分：30mL 炼乳；30mL 浓缩咖啡
杯型：90mL 小型玻璃咖啡杯
11. Espresso Romano

图 2－69　罗马式浓缩咖啡

成分：30mL 浓缩咖啡；柠檬片
杯型：90mL 小型咖啡杯

12. Macchiato

图 2－70　玛琪雅朵咖啡

成分：30mL 浓缩咖啡；少量泡沫牛奶
杯型：90mL 小型咖啡杯

13. Café con Leche

图 2－71　配热奶的浓缩咖啡

成分：30mL 浓缩咖啡；90mL 热牛奶
杯型：150mL 小型卡布奇诺咖啡杯

14. Cortadito

图 2－72 轻伤咖啡

成分：30mL Cubano；30mL 热牛奶；奶泡

杯型：90mL 小型平底玻璃杯

15. Cortado

图 2－73 牛奶咖啡

成分：30mL 浓缩咖啡；30mL 热牛奶；奶泡

杯型：90mL 小型平底玻璃杯

16. Piccolo latte

图 2－74　超浓缩牛奶咖啡

成分：20mL Ristretto；60mL 热牛奶；奶泡

杯型：90mL 小型玻璃咖啡杯

17. Café del Tiempo

图 2－75　萨尔塔咖啡

成分：30mL 浓缩咖啡；冰块；柠檬片

杯型：150mL 小型卡布奇诺咖啡杯

18. Cappuccino

图 2－76　卡布奇诺咖啡

成分：60mL 浓缩咖啡；60mL 热牛奶；60mL 奶泡
杯型：200mL 卡布奇诺咖啡杯
19. Flat White

图 2－77　白咖啡

成分：60mL 浓缩咖啡；120mL 热牛奶
杯型：200mL 卡布奇诺咖啡杯

20. Café au lait

图 2－78　压渗式牛奶咖啡

成分：90mL 法式压滤咖啡；90mL 热牛奶
杯型：200mL 卡布奇诺咖啡杯
21. Chai latte

图 2－79　红茶拿铁咖啡

成分：90mL 调味红茶；90mL 热牛奶；奶泡
杯型：200mL 卡布奇诺咖啡杯

22. Breve

图 2－80　布列夫半拿铁咖啡

成分：60mL 浓缩咖啡；60mL 牛奶与奶油对半融合；奶泡
杯型：200mL 卡布奇诺咖啡杯

23. Red eye

图 2－81　红眼咖啡

成分：30mL 浓缩咖啡；120mL 滴滤咖啡
杯型：200mL 卡布奇诺咖啡杯

24. Black eye

图 2－82　黑眼咖啡

成分：60mL 浓缩咖啡；120mL 滴滤咖啡

杯型：200mL 卡布奇诺咖啡杯

25. Dead eye

图 2－83　盲眼咖啡

成分：90mL 浓缩咖啡；120mL 滴滤咖啡

杯型：200mL 卡布奇诺咖啡杯

26. Lazy eye

图 2－84　冷眼咖啡

成分：60mL 浓缩咖啡；120mL 滴滤脱因咖啡
杯型：200mL 卡布奇诺咖啡杯
27. Turkish coffee

图 2－85　土耳其咖啡

成分：10g 咖啡粉；180mL 糖水；köpük
杯型：200mL 卡布奇诺咖啡杯

28. Americano

图 2－86　**美式咖啡**

成分：60mL 浓缩咖啡；120mL 热水
杯型：200mL 卡布奇诺咖啡杯
29. Long black

图 2－87　**长饮黑咖啡**

成分：120mL 热水；60mL 浓缩咖啡
杯型：200mL 卡布奇诺咖啡杯

30. Vienna

图 2－88　维也纳咖啡

成分：60mL 浓缩咖啡；打发好的鲜奶油
杯型：150mL 小型卡布奇诺咖啡杯

31. Mocha

图 2－89　摩卡咖啡

成分：60mL 浓缩咖啡；120mL 热巧克力；打发好的鲜奶油
杯型：250mL 大型卡布奇诺咖啡杯

32. Borgia

图 2－90　博基亚咖啡

成分：60mL 浓缩咖啡；120mL 热巧克力；加入肉桂和橙子皮的鲜奶油

杯型：250mL 大型卡布奇诺咖啡杯

33. Latte

成分：60mL 浓缩咖啡；180～300mL 热牛奶；奶泡

杯型：250mL 大型玻璃拿铁咖啡杯

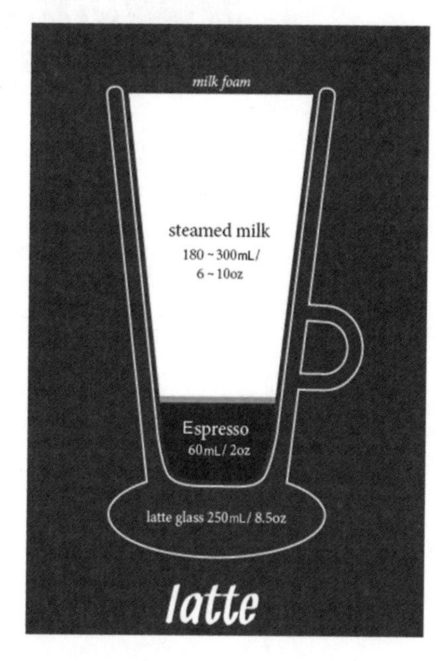

图 2－91　拿铁咖啡

34. Ca phe sua da

图 2-92　越南冰咖啡

成分：15mL 炼乳和糖；120mL 加了菊苣的深度烘焙咖啡；适量冰块

杯型：250mL 大型玻璃拿铁咖啡杯

35. Galão

图 2－93　加劳咖啡

成分：60mL 浓缩咖啡；180mL 发泡牛奶

杯型：250mL 大型平底玻璃杯

36. Frappé

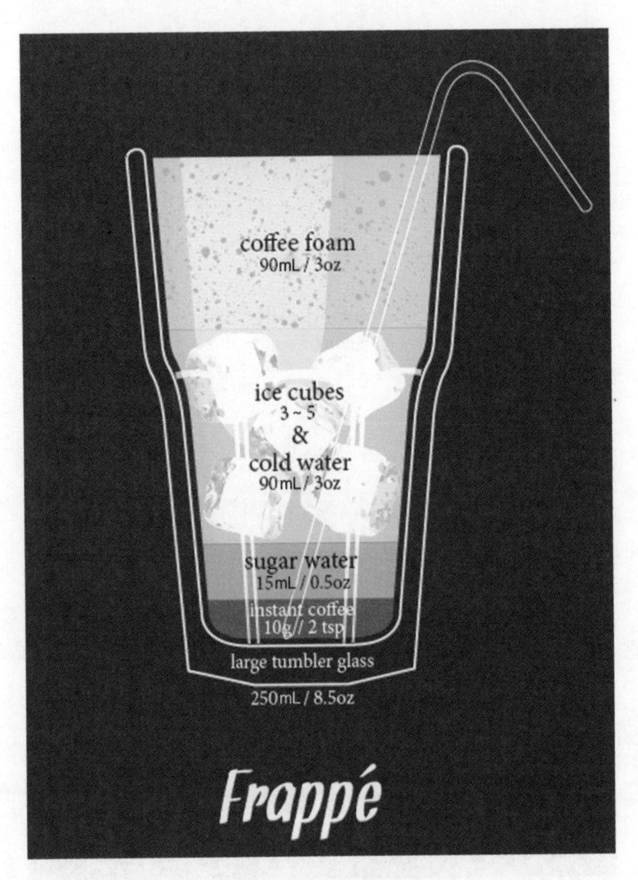

图 2－94　刨冰咖啡

成分：10g 速溶咖啡；15mL 糖水；90mL 冷水；3 ~ 5 块冰块；90mL 咖啡泡

杯型：250mL 大型平底玻璃杯

37. Mazagran

图 2－95　柠檬冰咖啡

成分：5g 黄糖；90mL 法式压滤咖啡；45mL 柠檬汁；冰块

杯型：250mL 爱尔兰玻璃咖啡杯

38. Irish coffee

图 2－96　爱尔兰咖啡

成分：5g 黄糖；120mL 法式压滤咖啡；60mL 爱尔兰威士忌；75mL 重奶油
杯型：250mL 爱尔兰玻璃咖啡杯

（本文选自“咖啡沙龙”微信公众订阅号）

任务四
咖啡拉花创作

学习线索

咖啡拉花是一种艺术创作，其观赏的意义远大于饮用。然而客人对于高超的拉花技艺却喜爱至极，这就造就了一部分咖啡师不断地追求拉花艺术的精湛。目前在咖啡拉花界存在韩式拉花、日式拉花、美式拉花和欧式拉花四大流派，不同的拉花各具特色。

导入情景

Sherry 喜欢咖啡，更加喜爱有着美丽图案的拉花咖啡。她每次见到咖啡师制作出高难度的拉花总是兴奋不已，并非常希望自己能够学到这样的技术。

图 2－97　拉花的创作需要一定的天赋

● 任务描述

制作牛奶奶泡，按照心形成形方法和树叶成形方法进行拉花展示。

● 相关知识

关于咖啡拉花的起源，一直都没有十分明确的文献对其进行报道，只知道当时在欧美国家，咖啡拉花都是在咖啡表演时所展现的高难度专业技术。如此创新的技巧所展现的高难度技术，大大震撼了当时的咖啡业界，由此受到了大众的瞩目。所有人都被咖啡拉花神奇而绚丽的技巧所深深吸引。

当时的咖啡拉花，大部分注重的都是图案的呈现，但经过长久的发展和演进，咖啡拉花不只在视觉上讲究，在牛奶的绵密口感与融合的方式与技巧方面也一直不断地改进，进而使整体的味道呈现，达到色、香、味俱全的境界。

一、 拉花方式

咖啡拉花的方式决定了拉花的风格，根据需要的风格来创作拉花作品是非常有意义的。目前咖啡拉花方式主要有两种：

1. 倒入成形（Free Pouring）

倒入成形拉花是利用熟练的技巧，控制拉花缸的高低，晃动拉花缸的幅度及速度，使奶泡于咖啡上形成不同的图案。

图 2－98　直接注入法创作更加体现咖啡师手部技术动作的娴熟性

2. 雕花（Etching）

雕花成形就是于咖啡表面加上奶泡、酱料等材料，利用牙签或温度计等尖物雕画出各种图案，这种方式不需要很大的技巧，只要有创意，就能制作出漂亮的图案了。

图 2－99　雕花创作考验咖啡师的艺术想象力

二、拉花奶缸的选择及握法

图 2－100　拉花缸可以帮助咖啡师创作拉花图案

1. 选择拉花缸

市面上拉花缸的种类很多，选择时可以参考以下几点：

（1）大小。

常见的有300mL、350mL、600mL，再大一点的也有，但一般不需要。

（2）缸身形状。

一般都是下方比上方宽一点点，但有一些中间宽上下窄，这种是不利于打奶泡的，建议用作装饰。

（3）缸嘴沟槽。

分长沟型及短沟型两种，长沟能起汇集奶泡的作用，拉起来会比较容易控制。

（4）缸嘴形状。

分尖圆阔窄，选圆而阔的，最好是壶嘴有一个外弯的，这样的壶嘴会比较容易控制奶泡倒出时的稳定性。

（5）握把。

分连结型和分离型，有圆的也有方的，每个人的手都不同，需要拿上手试试才能决定使用哪种。但最重要的是先选定一个拉花缸，多加练习，不要贪心，有一个拉花缸就够了。

2. 拉花缸的握法

握住握把，大拇指要平放在握把上，用手腕晃动会比较灵活。有些人会以大拇指及食指握住壶顶，这种握法会比较难控制倒奶时的稳定性，而且很难倒出平衡的图案。

图2－101　拿拉花缸的正确动作

● 任务实施

步骤一： 制作热奶泡

图 2－102　高质量的奶泡是拉花的保证

在奶缸中加入牛奶，牛奶应加至 1/3 到 1/2 满；启动蒸汽阀以放出蒸汽棒内的水分；将蒸汽喷嘴插入鲜奶表面约 1cm 处；开启蒸汽阀；此时应听到轻微的“嘶嘶”声，控制拉花缸的位置及角度使鲜奶形成旋涡；将近理想温度时将旋涡收细；关上蒸汽阀。

步骤二： 拉花基础练习 （圆形）

图 2－103　圆形拉花动作是基础性动作

直接把奶泡倒入咖啡杯；融合至七分满时将拉花缸贴近咖啡表面；奶泡会在咖啡表面成形；继续倒奶直至满杯。

步骤三：拉花基础练习（心形）

图 2－104　心形拉花动作讲究手部的稳定性

心形拉花的做法其实跟圆形差不多，只是多了个收尾的动作，掌握了圆形之后，应该不难掌握拉心形的方法。融合至七分满时将拉花缸贴近咖啡表面；奶泡在咖啡表面成形，差不多满的时候，将拉花缸提高；将拉花缸向前推，使尖端形成。

步骤四：拉花基础练习（叶子）

融合至七分满时将拉花缸贴近咖啡表面；看到奶泡在咖啡表面成形时即开始晃动拉花缸；一边晃动钢杯一边将拉花缸往后拉；差不多满的时候，停止晃动，并将拉花缸提高；将拉花缸向前推，使尖端形成。

图 2－105　叶子的拉花动作讲究匀速运动

● 拓展知识

拉花动作习惯性练习

拉花训练是一个艰辛的过程，需要练习者不断地进行巩固练习，才能做到稳定熟练。初学者不应该急于使用牛奶去达到练习的效果。使用水进行拉花动作的练习也是一种非常有效的练习方式。在练习时准备好相应的拉花缸和杯子，在拉花缸中装入适量的水进行练习。练习过程中主要解决以下两个问题：练习稳定性；初步掌握晃动技巧。

1. 流量控制练习

用拉花缸将水倒入杯中，由杯口开始倒入，然后拉高拉花缸至壶嘴离杯口约3～5cm高处。以相同粗细的水柱倒入杯中，但水柱要够粗，于七分满时将拉花缸贴近杯口，直至倒满。反复练习直至倒入时看不到气泡。

图2－106　水流的控制对拉花非常重要

2. 手部稳定性练习

试着在倒水时将拉花缸反复拉高拉低，要保证水柱状态与之前的一致，练到没有气泡产生，这样才算够稳定。

3. 成图稳定性练习

先以稳定的水柱倒入杯中，然后试着晃动拉花缸或者晃动咖啡杯。动作不能太急，开始时要先晃慢一点，幅度不要太大；多次练习后便能慢慢掌握，但是水柱始终要保持同样粗细。

咖啡杯与拉花的关系

1. 高身杯

高身的杯子与厚厚的奶泡是完美的组合。使用高身的杯子，可以有足够的时间使奶泡和咖啡融合。充分地融合能使咖啡更好喝，亦能使拉花时成形加强，得到清晰的拉花图案。达到以上效果的前提条件是奶泡要足够。有一些人会于成形前只往杯中倒入热奶而将奶泡保留到最后做拉花用，这种做法并不正确，因为如此一来 Crema 容易被冲散，造成奶泡同咖啡无法融合，咖啡不好喝。

图 2－107　使用高身杯要注意保持油脂的厚度

2. 矮身方底杯

方底的杯子，底部面积会比较大，容易出现两种现象：Crema 比较薄；倒入奶泡时容易造成乱流。所以一般都会将杯子倾斜，等奶泡铺满后再逐渐将杯子放平进行拉花的动作。倾斜杯子不容易引起牛奶在咖啡杯中的乱流，破坏咖啡的口感和造型。

图 2－108　矮身方底杯类似马克杯

3. 矮身圆底杯

这是比较容易掌握的一种，拉花图案比较容易出现，但由于杯身较矮，拉花时间相对于高身杯较短，建议初学者先选矮身圆底大口径的咖啡杯练习拉花，待掌握好后再尝试其他种类的杯子，感受一下它们的区别。杯子的材质很重要，要选一些保温性能好的，对保留 Crema 及成品的保温也有相当大的帮助。

图 2－109　圆底杯易于拉花

项目三　单品咖啡的制作与服务

图 3－1　手冲咖啡的冲煮

走进咖啡馆，我们发现现在越来越多的客人喜欢喝上一壶单品咖啡。没有糖和牛奶的加入，只用手冲工具冲煮出来的咖啡更能凸显咖啡豆本身的特性，咖啡的香味更加浓郁，因此受到越来越多人的青睐。通过学习本项目的内容，了解单品咖啡的特点及其制作，我们在家也能体验自己冲煮咖啡的乐趣。

项目目标：

1. 能品鉴单品咖啡的特点
2. 能掌握简单的咖啡豆烘焙知识
3. 能懂得各类手冲咖啡工具的使用
4. 能根据不同豆子选择合适的研磨度，正确使用研磨机
5. 能用手冲滴滤法冲煮咖啡
6. 能用虹吸壶冲煮法制作咖啡
7. 能用冰滴壶冲煮法制作咖啡

学习线索

咖啡师只有对咖啡豆的知识有所了解，才能为咖啡豆选择合适的研磨度及萃取方法，从而调制出一杯口感风味俱佳的咖啡。“烘焙、研磨、冲煮”是单品咖啡制作的三个步骤，了解咖啡豆知识，有利于选择合适的冲煮方法，从而更能充分表现不同咖啡豆的风味特点。掌握不同的萃取方法能够使同一款咖啡产生不同的口感风味，满足不同顾客的需要。

导入情景

李先生刚见完客人，走进一家咖啡馆，跟吧台员说：“请给我一杯普通的咖啡。”吧台员恭敬地答道：“不好意思，我们这里没有普通的咖啡，请问你是想要加牛奶的咖啡，还是单纯的黑咖啡呢?”吧台员口中的黑咖啡指的就是单品咖啡，面对很多对咖啡的种类并不是特别熟悉的客人，吧台员要怎样向客人介绍单品咖啡呢?

图 3－2　黑咖啡

● 任务描述

了解单品咖啡与普通意式咖啡的区别，了解身边咖啡馆常售卖的单品种类。

● 相关知识

一、 认识单品咖啡豆

一杯优质的精品咖啡应该是有着丰富的干香、湿香、酸度、醇厚度、余韵以及味道平衡的饮品，让顾客深爱不已。想要制作出一杯好喝的单品咖啡，需要掌握精品豆的产地、处理方式以及萃取方式，将三者知识完美地综合运用，这样才能确保优质的出品。

1. 单品咖啡的概念

单品咖啡，是指用原产地出产的单一咖啡豆磨制而成，饮用时一般不加奶或糖的纯正咖啡。单品咖啡能够真实表达咖啡豆自身的原生态风味，有强烈的专有特性，口感或清新柔和，或香醇顺滑，因豆子的质量较佳，因此，在店售卖的价格相对较高。像牙买加蓝山咖啡、印度尼西亚陈年曼特宁等品种，因其自身的风味丰富，所以是制作单品咖啡的最佳选择，同时这些咖啡豆也是以出产地命名的单品豆。

2. 常见几款豆子的风味特征

单品咖啡所选用的豆子多为质量较好的精品豆，这些豆子是在少数极为理想的地理环境下生长的具有优异味道特点的生豆。它们所生长的环境的特殊土壤和气候条件使它们具有出众的风味。这类咖啡豆再经过严格挑选与分级，其质地坚硬、口感丰富、风味特佳，使许多咖啡师不惜以高价购买，他们都深知只有好的咖啡豆，才能制作出优质的咖啡饮品的道理。

（1）巴西咖啡。

巴西咖啡种类繁多，多数咖啡带有适度的酸性特征，其甘、苦、醇三味属中性，浓度适中，口感爽滑而特殊，是最好的调配用豆，被誉为“咖啡之中坚”，单品饮用风味亦佳。

（2）哥伦比亚咖啡。

该品种产于哥伦比亚，烘焙后的咖啡豆会释放出甘甜的香味，具有酸中带甘、苦味中平的良性特性，因浓度合宜，常被应用于高级的混合咖啡中。

（3）牙买加蓝山咖啡。

蓝山咖啡是在高度为海拔800～1 200米的特定地域栽培的。该地域在较短的时间内，会发生多次的蓝山雾，昼夜温差在15℃以上。因此它的甜、酸、醇与苦味等非常均衡，味道芳醇。

（4）曼特宁咖啡。

该品种产于印度尼西亚苏门答腊，被称为颗粒最饱满的咖啡豆，带有极重的浓香味，辛辣的苦味，同时又具有糖浆味，而酸味显得不突出，但有种浓郁的醇度，是德国人喜爱的咖啡品种，咖啡爱好者大都单品饮用。它也是调配混合咖啡不可或缺的品种。

（5）埃塞俄比亚摩卡咖啡。

该品种豆小而香浓，其酸醇味强，具有浓厚的口感，稠度颇佳，甘味适中，风味独特。经水洗处理后的咖啡豆能够调制出颇负盛名的优质咖啡，受到世界各国人民的喜爱。

（6）哥斯达黎加咖啡。

优质的哥斯达黎加咖啡被称为“特硬豆”，它可以在海拔1 500米以上的地方生长。其颗粒度很好，光滑整齐，档次高，风味极佳。当地人均咖啡的消费量是意大利和美国的两倍。

（7）肯尼亚咖啡。

肯尼亚咖啡包含了我们想从一杯好咖啡中得到的每一种感觉。它具有美妙绝伦、令人满意的芳香，均衡可口的酸度，均匀的颗粒和极佳的水果味，是业内人士普遍喜爱的品种之一。

（8）危地马拉咖啡。

危地马拉70%的国土属于高原地带，火山多，土壤中含有丰富的矿物质，这里能出产高质量的咖啡得益于优越的自然环境。危地马拉咖啡芳香甘醇，风味丰富。

二、 拼配咖啡知识

用来做意式咖啡的咖啡豆通常不是单品豆，而是把几种豆子混合而得到的商业豆，这样做的目的是降低成本。有些咖啡豆本身的质量并不是十分好，于是通过搭配一些风味较佳的咖啡豆，拼配出口味相当不错的咖啡，以提高利润。此外，通过拼配，烘焙师可以根据客人的喜好，拼配出独特的风味，或者根据店铺或厂家的需要，拼配出某个品牌的独特口味，这样喜欢这个口味的顾客也就只会到这一店铺或厂家购买，从而提高商业利润。

1. 综合咖啡的概念

有些咖啡品种在风味上存在着明显的缺陷，单独用来冲煮，风味并不突出，因此，必须与其他品种的咖啡搭配使用来弥补缺陷；有的消费者希望获得比较特别的口味，因此，咖啡师根据客人的需要将两种或两种以上的咖啡豆拼配在一起达到所需要的效果。将两种或两种以上不同的咖啡混合在一起得到的咖啡组合，称作“综合咖啡”，或“拼配咖啡”，通常综合咖啡豆被用来制作浓缩咖啡、意式咖啡等。

图 3－3　黑咖啡与用综合咖啡豆制作的卡布奇诺

2. 咖啡豆的拼配原则

拼配咖啡不是随便地把咖啡豆拼配在一起，有时两种不合适的豆子混合在一起，会相互抑制对方特有的风味，失去了拼配的目的。一般的拼配咖啡不会使用超过 5 种豆子，因为拼配的咖啡豆越多，出现的情况就会越复杂，风味就越难把握。

拼配时的生豆要求选择各具特色的风味豆，而避免使用风味相似的咖啡豆，生豆的处理方法对咖啡豆的风味影响很大，因此，可以选用处理方法不同的咖啡豆进行拼配。

咖啡生豆产地相同的豆子，风味会有相似之处。咖啡产地一般分为三大产区：中南美地区，即巴西、哥伦比亚、危地马拉、墨西哥、萨尔瓦多等约 20 国；东南亚地区，即印度尼西亚（包括爪哇和苏门答腊等岛屿）、巴布亚新几内亚等约 10 国；非洲地区，即埃塞俄比亚、肯尼亚等。因此，尽量选区域跨度比较大的咖啡豆进行拼配。

可以根据咖啡豆的风味（如酸、苦、甘等）哪一方面比较突出或根据主题想要突出哪一方面的风味来选择豆子；具有风味的豆子很多时候就会加入风味比较平和的中性豆来中和尖酸或苦涩的口感，一般常用的豆子都产自巴西、哥伦比亚等地。

3. 拼配的例子

（1）深烘焙的口味，优秀的醇厚度以及一些活泼的酸味：

40% 哥伦比亚——中深烘焙——提供醇度

30% 墨西哥——深度烘焙——提供最清淡的炭味

30% 肯尼亚——中度烘焙——提供明亮活泼的酸味

（2）保留很好的醇度，良好的苦甜味，同时仍能拥有酸度，没有炭味：

60% 哥伦比亚——中深烘焙——提供优秀的醇度

40% 肯尼亚或中美豆中度烘焙——提供明亮的果酸和甜感

（3）拥有平衡的口感，酸度醇厚度适中的中美咖啡，可以用同种咖啡进行不同烘焙：

60% 哥伦比亚——中深烘焙——提供优秀的醇度

40% 同种咖啡——中度烘焙——提供酸苦平衡的口感

三、咖啡的烘焙度知识

决定咖啡味道的因素，八成来自咖啡生豆，另外两成则是取决于烘焙。烘焙是决定咖啡味道的很重要的一道工序，因生豆产地不同，展现出来的特性也各异，各自也应有相应的烘焙度。烘焙咖啡豆的目的不仅仅是为了将咖啡豆煎焦，还要借助各种不同的烘焙程度，让生豆发挥其最大的特性，让其呈现最佳的状态。为什么有的咖啡偏酸，有的咖啡偏苦，有的咖啡有坚果味，有的会有巧克力味，这都和烘焙程度有关。

1. 烘焙程度的等级划分

根据 SCAA 的“Agtron”法区分烘焙度，可以分为极浅烘焙、浅烘焙、适度浅烘焙、微中烘焙、中烘焙、中深烘焙、深烘焙、极深烘焙。

一般来说，浅度烘焙易产生涩味，成熟度高的豆子少涩味。浅度烘焙的咖啡也就是适合初学者使用的“入门咖啡”，因此不能太苦，也不能太酸。若有难以入口的酸味或涩味，就会让人想拼命加牛奶与砂糖，而渐渐远离咖啡的原味。

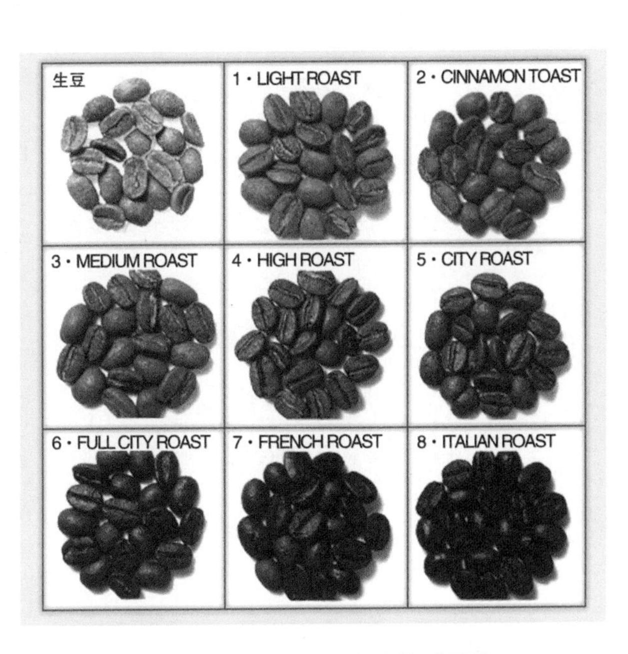

图 3－4　咖啡豆不同烘焙度的对照图

2. 不同豆子所适合的烘焙程度

（1）浅度烘焙的咖啡适合少酸味与涩味的豆子、柔软且果肉薄的豆子、尺寸与水分含量平均的豆子，适用浅度烘焙的豆子一般比较少。

（2）中深烘焙度的咖啡豆更能呈现咖啡丰富的风味与香气，适用于果肉厚实的咖啡豆，如曼特宁、摩卡·玛塔利、夏威夷·可那、哥伦比亚、坦桑尼亚等产地的咖啡豆。

（3）深度烘焙的咖啡豆含有较重的烟熏味，而扼杀咖啡的甘甜香味，因此适用于味道清爽单纯，较无个性的豆子，如肯尼亚、哥伦比亚、高地产的危地马拉等产地的咖啡豆。

表 3－1　不同烘焙度下豆子的特征及适用途径

烘焙程度	咖啡豆特征	适用途径
极浅烘焙	最轻度的烘焙，无香味及浓度，口味和香味均不足	几乎不能饮用，一般用在检验上，很少用来品尝
浅烘焙	一般的烘焙度，臭青味已除，豆子呈肉桂色，具有强烈的酸味	美式咖啡经常采用的烘焙程度
适度浅烘焙	中等烘焙，香醇，酸味可口，香度、酸度、醇度适中，常用于混合咖啡的烘焙	美式咖啡常采用的烘焙程度
微中烘焙	咖啡豆呈现出少许浓茶色，酸味中具有苦味，香气和风味俱佳	日本、中欧国家喜欢的烘焙程度
中烘焙	最标准的烘焙度，苦味与酸味达到平衡	常用在法式咖啡中
中深烘焙	颜色变得相当深，苦味较酸味强	中南美式的烘焙方法，极适用于调制各种冰咖啡
深烘焙	色泽呈浓茶色带黑，酸味已感觉不出，脂肪已渗透至表面，带有独特香味	在欧洲尤其以法国最为流行，很适合欧蕾咖啡、维也纳咖啡
极深烘焙	色黑，表面泛油，烘焙度在碳化之前有焦味	流行于拉丁国家，适合快速咖啡及卡布奇诺，多数使用在意式浓缩咖啡上

不同咖啡豆适合不同的烘焙度，只有了解不同烘焙度下咖啡豆的风味特征，

才能让所选咖啡豆在最适宜的烘焙度下，产生最佳的风味口感。作为一名咖啡师，认识不同烘焙度对咖啡的影响，将能为客人选择一款心仪的咖啡。

四、 咖啡豆的研磨

研磨咖啡豆需要了解如何选择合适的磨豆机及相应的研磨度，并不是将咖啡豆倒入磨豆槽中研磨成粉即可，而是需要了解磨豆机的性能和粗细粉的区别。研磨粗细适当的咖啡粉末，对于制作一杯好咖啡是十分重要的，因为咖啡粉中水溶性物质的萃取时间一般有规律可循，如果粉末很细，烹煮时间又过长，造成萃取过度，则咖啡可能非常浓苦而失去芳香；反之，若是粉末很粗而又冲煮得太快，导致萃取不足，那么咖啡就会淡而无味，因为来不及把粉末中水溶性的物质溶解出来。因此，要了解不同的萃取方法适用的研磨度，并根据豆子的风味特点作出调整。

1. 咖啡粉末研磨度的粗细等级

研磨咖啡豆的程度叫作研磨度，研磨度由小到大大体分为 4 个阶段，分别为粗研磨、中研磨、细研磨、极细研磨。一般来说，研磨得越精细越能提取咖啡中较多的成分，所以苦味也越强。反之，研磨度越小，苦味就逐渐变弱，香气就越丰富。

2. 不同冲煮方式对应不同的研磨度

研磨度最小的粗研磨咖啡适合滤压壶。而中研磨是最经常使用的研磨度，优点是酸味和苦味达到平衡，适合多种萃取法。另外，细研磨中咖啡的很多成分被提取，适合长时间萃取的冰滴咖啡，极细研磨是提取咖啡成分最多的研磨度，适合高压萃取的浓缩咖啡和土耳其咖啡。

表 3－2　不同咖啡萃取工具适用的研磨度

研磨度	适用萃取法	特点
粗	滤压壶	颗粒粗，大小与粗白砂糖一样
中	滤纸滴滤、法兰绒滴滤、虹吸壶	沙粒状，颗粒大小与砂糖和粗白砂糖的混合物一样

（续上表）

研磨度	适用萃取法	特点
细	滤杯滴滤、法兰绒滴滤、摩卡壶、冰滴咖啡壶	颗粒细，大小与细砂糖一样
极细	浓缩咖啡机、土耳其咖啡机	大小介于盐和面粉之间

3. 研磨时的注意事项

在研磨咖啡豆时，最应该注意的是使研磨度均匀。研磨较粗的豆子和较细的豆子混合研磨会出现杂味，不能制作出好的咖啡。

细研磨时会产生一定的粉末，它会使咖啡变浑浊，出现苦味和涩味，所以注意尽量不要产生细粉末。每次研磨完咖啡豆后，不要忘记仔细清理磨豆机，把里面的粉末除去。

另外，由研磨产生的摩擦热会破坏咖啡豆的味道与香气，尽量控制在短时间内磨完。

五、 磨豆机的分类

很多人往往愿意花费更多的钱去购买咖啡机，却忽略了磨豆机的重要性。一台好的磨豆机，除了能够迅速稳定地磨出均匀的咖啡粉，能够消除咖啡微粉，使萃取出来的咖啡没有杂味，还能减少咖啡粉结块的现象。因此，选择合适的磨豆机在咖啡制作环节中是十分重要的。

1. 手动磨豆机

手动磨豆机以人力作为动力驱动，因此动力有限，不适合研磨较大分量的咖啡豆，而且研磨出来的咖啡粉粗细不均，加之在摩擦时易产生较多热量，而使咖啡粉的温度上升，从而影响到咖啡的品质（好的磨豆机磨出的咖啡粉为冷的），所以很少人会选用，但是，它那吸引人的外观，也能为咖啡厅增添几分雅趣。

2. 螺旋桨式磨豆机

用来研磨咖啡豆的刀具类似螺旋桨形状，结构和常见的家用食品加工料理机的刀具差不多，以电力作为动力。其研磨效果虽说比手动研磨机要好一些，但研磨的均匀度还是不能令人满意。

3. 锯齿式磨豆机

这种磨豆机无论是家庭还是咖啡馆都是最多人选用的磨豆工具，利用刻有凹槽的刀盘将咖啡豆碾压磨碎成粉。刀片根据形状可以分为水平式刀盘和锥状式刀盘：水平式刀盘具有研磨效果好、操作简便、经济实惠的特点；锥状式刀盘则具有研磨精度高，研磨量较大，还有除微粉的功能，家用商用均可，但唯一的缺点是价格较贵。因此，根据资金状况来选取合适的磨豆机也显得相当实际。

（a）手动磨豆机　（b）螺旋桨式磨豆机　（c）锯齿式磨豆机

图 3－5　磨豆机的种类

● 任务实施

步骤一：　学会区分不同品种的咖啡豆

通过观察同一烘焙程度下不同品种的咖啡豆，能够说出豆子的不同之处，如大小、形状、香气等。

把不同品种的咖啡豆磨成粉，闻其干香，再把咖啡粉通过手冲方式，冲煮成咖啡液体，感受它的味谱，对不同的咖啡豆做出评价，包括余韵、酸味、厚实感、平衡度、干净度等指标，并作记录，绘制成表格。

步骤二：　掌握拼配咖啡豆的原则

确定拼配的主题，希望拼配出什么样的味道，及确定拼配的目标。了解各咖啡豆的特性，理解不同豆的烘焙程度与风味之间的关系，通过步骤一了解不同豆子的风味。

确定每种咖啡豆各自所承担的任务，由于多种咖啡豆的拼配使用，可能会出现风味比较复杂的情况，因此最多拼配 3 种咖啡豆，确定哪一种是表现风味醇厚、平衡感的豆子，让拼配出来的咖啡豆表现出柔和的苦味、鲜明的酸味或者厚实的醇度等。

步骤三： 懂得辨别咖啡豆的烘焙度

取同一品种三种不同烘焙程度的咖啡豆，分别是浅度烘焙、中度烘焙、深度烘焙，通过观察三个不同烘焙程度的同种咖啡豆，然后分析其中的不同之处。并把三种咖啡豆通过手冲方式，冲煮出 3 杯咖啡。品尝这 3 杯咖啡，描述其中的风味特点，并为这种咖啡豆选择一个合适的烘焙度。

通过该步骤，可以比较出不同烘焙程度对同种咖啡的风味的影响，同时，通过观察豆子的外观、色泽等，能够区分不同烘焙度下豆子的形态变化。

步骤四： 为咖啡豆选用合适的研磨度

取同一种咖啡豆，研磨成不同的粗细度，以手冲方式冲煮不同粗细度的咖啡粉末，比较不同粗细度下同种咖啡的风味。可以此方式再冲煮同种豆子，比较一下，哪种研磨度比较适合手冲冲煮法。

步骤五： 正确使用研磨机

（1）准备好适量的豆子，设定一个研磨度。

（2）打开磨豆机开关，把咖啡豆投入豆仓，把所有的咖啡豆磨成粉即可。

（3）使用完后，切断电源，不要让磨豆机空转。

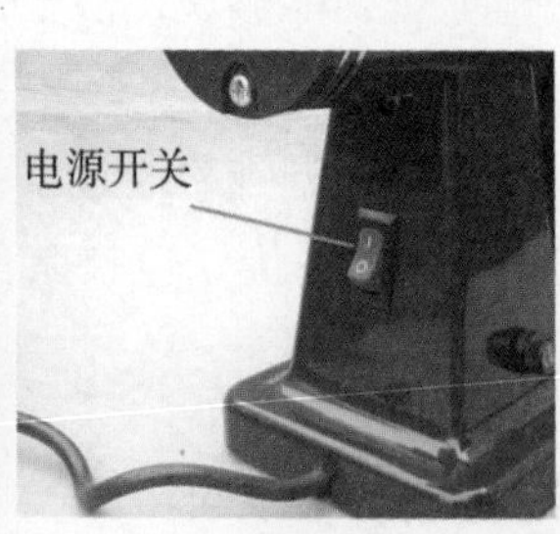

图 3－6　研磨机的使用步骤图

● 拓展知识

防止萃取出单宁

咖啡豆中含有多种成分，萃取的过程并不是要将所有的成分萃取出来，如果咖啡粉的分量一定，可冲煮出的成分由粗细度、时间与水温决定。

研磨得越细的粉末，冲煮的时间越长，获得的成分也就越多，同时也容易将不需要的成分——单宁萃取出来。单宁又名单宁酸或鞣质，它是多酚中高度聚合的化合物，能与蛋白质和消化酶形成难溶于水的复合物，会影响食物的吸收消化。生咖啡豆中单宁的含量为 8% ~9%，烘焙后含有咖啡豆中单宁的含量为 4% ~5%；深烘焙后，约有 90% 的单宁会被分解。

很多人误认为，经过深度烘焙的咖啡刺激性强，浅度烘焙的咖啡刺激性弱。因而选择在睡前饮用浅度烘焙的咖啡，却常常失眠到天亮。事实上，随着烘焙度的加深，咖啡因与单宁的含量会逐渐减少，刺激性会变弱。

少量的单宁可使咖啡中的甘甜与香醇味道散发出来，但萃取出的过多的单宁则是造成咖啡涩味的主要原因。为了防止单宁被过度萃取，应采取少量研磨，并用较低的水温（82℃ ~83℃）慢慢萃取，而且应该选择适合萃取方式的研磨度。研磨的粉末细则苦味重，粉末粗则苦味轻，这是不变的基本法则。

任务二

咖啡的萃取技术

● 学习线索

冲出好喝的咖啡，是每个咖啡师所希望的一件事。影响一杯咖啡好坏的因素，不外乎咖啡豆的新鲜度、研磨的粗细度、冲泡的方法与水（水质、水温、水量），只要掌握以上的几个要领，就能够萃取出优质的咖啡。作为一名咖啡师，应当掌握影响萃取的因素及不同的萃取技术，懂得根据不同咖啡豆的性质以及客人的需求，采用不同的萃取技术，为客人呈上一杯完美的咖啡。

● 导入情景

一位客人来到一家咖啡馆，他点了一壶手冲咖啡，另外，他递给吧台员一瓶矿泉水，要求吧台员用这瓶水来冲煮咖啡。吧台员知道他是一名专业的咖啡友，因此在冲煮咖啡的时候也特别用心。经询问，吧台员得知客人喜欢比较浓的口味，因此，他用了10g 的豆子，加入100cc 的水，冲煮出来的咖啡呈深棕色，香气浓郁，客人品尝后赞叹不已。

图3－7　手冲咖啡需配合电子秤称量水量

● 任务描述

根据一杯咖啡的口感和风味判断使用的萃取方式。

● 相关知识

一、 影响萃取的因素

咖啡本身是一种比较难溶于水的物质，只有 30% 的物质易溶于水。如果在冲泡的过程中过度溶解物质则会引起咖啡品质的下降。同时，如果过少溶解则会使咖啡过酸，影响口感。因此，咖啡的萃取应该特别注意物质的溶解过程。

咖啡豆烘焙新鲜度、咖啡豆与水的重量比、萃取时间、萃取温度、研磨粗细度都是影响萃取的重要因素，只要稍加留意就可驾驭这些变量，冲出香醇的好咖啡。

1. 新鲜烘焙咖啡豆的重要性

唯有新鲜的咖啡才会好喝，如果使用不新鲜的咖啡，技术再高超也煮不出好咖啡。新鲜豆不但喝得出来，而且还看得出来。由于新鲜豆的内部有大量的二氧化碳，在热水冲煮时会迫使气体膨胀，排出细胞外，所以膨胀与泡沫便成为新鲜度的指标。新鲜的豆子不论是以手冲、法式滤压、虹吸或意式咖啡机冲泡，咖啡粉都容易隆起膨胀，并有厚实的“油脂层”（Crema）。如果豆子不新鲜，咖啡粉就不易隆起，甚至下陷，“油脂层”变得稀薄。不新鲜的咖啡豆，无论用什么冲煮方式或者加入何种辅料也不能掩盖它的风味变差的事实，喝起来没有咖啡的香味，芳香物质已经散发，剩下的只是苦涩的味道，影响饮用。另外，时间放得比较长的豆子，表面也会出油，这样的豆子做出来的 Espresso，也会缺乏油脂，质量不佳。因此，选择新鲜的咖啡豆是冲煮一杯好喝的咖啡最基本的要求，也是最重要的因素。

图 3－8　出油的咖啡豆

2. 咖啡豆新鲜度指标

（1）滴滤杯冲煮法：当热水与咖啡接触之际，咖啡粉会膨胀起来，越是新鲜的咖啡，膨胀得越厉害。这是新鲜的明显指标。

（2）虹吸壶冲煮咖啡：当热水上升至上壶浸泡咖啡，同时会使咖啡粉膨胀得很厉害。移开火源后，咖啡液会流向下壶，这时新鲜的咖啡有很多泡沫（约一半的液体流下时出现），而且干净清澈。虽然出现泡沫的时间不长，但看起来相当舒服；若使用不新鲜的咖啡，将很难看到这些泡沫。

（3）浓缩咖啡：咖啡表面的一层细沫叫作 Crema，只有新鲜的咖啡才能形成榛子色的细沫，而且是厚厚的一层，久久不散。

图 3－9　滤杯滴滤法

图 3－10　虹吸壶冲煮法

图 3－11　浓缩咖啡

咖啡烘焙出炉后至 7 天内是最佳尝味期，一周后芳香物质逐渐老化或消失，甚至走味。如果烘好的豆子在两周内喝完，以单向排气阀袋子或密封罐保存即可。另外，咖啡豆经研磨后，细胞壁会完全被破坏，此时二氧化碳也会在几分钟之内完全流失，而使得咖啡粉开始遭受无情的氧化。因此，研磨咖啡一定要尽快制作饮用。

3. 水质对咖啡的影响

一杯咖啡中，水的含量超过 98%，所以水质的好坏与咖啡的质量有着密切的关系。可选择的水质种类很多：蒸馏水、矿泉水和山泉水等。专家认为，硬度略高的水最适合冲泡咖啡，因为水中的矿物质会和咖啡发生相互交替作用，产生较好的口感。

含氧量高的水也相当适合冲泡咖啡，因为它能提高咖啡的风味。一般来说，新鲜的冷水，含氧量较高；加热过后再冷却的水，含氧量则太低，因此，建议冲泡咖啡还是使用新鲜的冷水来加热为宜。

蒸馏水是纯水，几乎不含其他矿物质，所以不会和咖啡内部发生反应，所泡出的咖啡虽有芳香，却不具口感；矿泉水虽含有较多的矿物质，但是并不是所有牌子的水都适合，可以通过特定的仪器，测试水的硬度。

表 3-3　WHO（世界保健机构）饮料水质

水的种类	硬度基准	水的特征	咖啡的味道
软水	0～60mg/L	含有的矿物质少，口感柔软，自来水大都是软水	能够发挥出咖啡的味道，易产生酸味
中软水	60～120mg/L		
硬水	120～180mg/L	钙、镁等矿物质多，不易于吸收咖啡因	稍带苦味，能增强咖啡的风味，适合冲煮各种咖啡
较硬水	180mg/L 以上		

注：硬度 mg/L：1 公升水所含碳酸钙的量

4. 咖啡粉与水的比例

咖啡粉与水的比例对风味的影响极大。手冲壶、法式滤压壶或虹吸式泡法，咖啡豆与萃取水量的比例应在 1：10至 1：18 之间，口味稍重者不妨以 1：10至 1：12 的比例来冲泡，即 15g 咖啡豆的最佳萃取水量在 150～180mL 之间；但也有喜欢重口味的以 1：8 的比例来冲泡，即 150mL 以 18g 咖啡豆冲煮。口味较淡者不妨以1：13至1：18 的比例稍加稀释，超过这个标准就太稀薄无味了。在 SCAA、SCAE 的研究中认为，1：18 是咖啡萃取的“黄金杯”准则，比较容易迎合客人的口味。

表 3-4　风味与粉水比的关系

风味	粉水比
重口味	1：8
适中口味	1：13～1：18
淡口味	1：18～1：20

5. 咖啡粉粗细与萃取时间的关系

咖啡研磨粗细度和萃取时间成正比，即磨得越细，芳香成分越易被热水萃出，所以萃取时间要越短，以免萃取过度而太苦。反之，磨得越粗，芳香物越不易被萃出，故萃取时间要延长，以免因萃取不足而无味。浓缩咖啡以 92℃ 高温、高压萃取出 30mL 需要 20～30 秒，是所有泡法中萃取时间最短的，因此研磨细度要比使用虹吸、手冲、摩卡壶或法式滤压壶更精细。

表 3－5　冲煮时间和研磨度的参数

浓缩咖啡萃取时间：20～30s	极细研磨
虹吸壶萃取时间：40s～1min	中研磨
手冲壶萃取时间：1min 30s～3min 30s	细研磨—中研磨

6. 冲煮水温参数

咖啡豆烘焙度应和冲泡水温成反比，即萃取深烘豆的水温最好比萃取浅烘的水温低一些，因为深烘豆碳化物较多，水温过高会凸显焦苦味；反之，浅烘豆酸香物较为丰富，水温太低会使活泼上扬的酸香变成死酸而涩嘴，所以浅烘豆的萃取水温宜高一点，深烘豆的冲泡水温要稍低些。另外，水温过高，萃取时间就要缩短，这就是虹吸壶（萃取温度约 90℃～93℃）泡煮时间 40～60 秒，短于手冲壶（萃取温度约 80℃～87℃）泡煮时间约 2 分钟的原因。

二、萃取方法

咖啡冲泡器具繁多，使用的咖啡器具不同，冲泡出来的味道也各不相同，其实，每种咖啡机的冲泡原理都很相似，先了解每一种方法，融会贯通之后，才能明确冲泡好喝咖啡的观念，并选择最适合自己的冲煮工具。

1. 滴滤式

这种壶的萃取方式通常需要使用一张一次性滤纸，将适量咖啡粉末置于其上，然后倒入 90.5℃～93.3℃的开水，咖啡液滴入玻璃水壶中。这个方式称作“浇灌”式萃取法。用水浇灌湿咖啡粉，让咖啡液以自由落体的速度经过滤布或滤纸，流向容器里；基本而言，它没有浸泡咖啡粉，只是让热水缓慢地经过咖啡粉。新鲜的咖啡具备许多优良的物质，使用这种滴滤杯，只萃取一次，即能将咖啡的香浓风味释出，是相当不错的冲泡方法。但由于滤纸过滤是一种渗透作用，咖啡中的胶质较容易遭滤纸隔滤，所以咖啡饮料的醇厚度不高。而且清洗颇费事，容易遗留污垢，从而影响到咖啡的质量。但是也不建议改用铁质或塑料质的滤网，因为得到的咖啡饮料的醇厚度不高。

图 3 – 12　滤纸滴滤壶（左）、法兰绒滴滤壶（右）

2. 滤压式

这种方法由于受人因素影响小，一般被认为是萃取咖啡的最佳方式。将适量的咖啡放入空的玻璃咖啡壶中，倒进极烫的热水，几分钟之后，通过推压柱塞，与玻璃杯体紧合的过滤器挤压壶底的咖啡粉末，咖啡经由过滤器制成。由于壶底的咖啡粉不能移出，这样，做好的咖啡就能够随时饮用并保存在容器中。用此方式做出的咖啡口感比较浓郁，看上去稍显浑浊，但口味非常独特。

图 3 – 13　法压壶（左）、爱乐压壶（右）

3. 虹吸式

虹吸式亦称塞风，在日本和我国台湾很常见。最早源自欧洲，早在 1803 年就在德国出现，经过法国、英国不断改良，成为上下双壶，是一种秀气十足的煮法。下壶水加热，产生上扬的蒸汽压力。下壶水接近沸点前，即可把热水通过上壶下插的玻璃管带入上壶；但火源移开或关火后，下壶的蒸汽的推力瞬间消失，上壶咖啡液好像被吸往“真空”的下壶，故欧美惯称为真空壶。虹吸壶容易破碎，使用不方便，而且滤布常有异味，不卫生。虹吸壶的最大缺点是萃取温度较高，上壶达90℃ ~93℃，不适合诠释深焙豆的甘醇味，很容易煮出焦苦味。由于水温高，比较适合表现浅烘至中深烘的上扬酸香、花香和甜味，这意味着虹吸壶不属于全能型冲泡法。

比利时咖啡壶兼有虹吸式咖啡壶和摩卡壶的特色，冲煮过程充满跷跷板式趣味。从外表来看就像一个天平，右边是水壶和酒精灯，左边是盛着咖啡粉的玻璃咖啡壶。两端靠着一根弯如拐杖的细管连接。当水壶装满水，天平失去平衡向右方倾斜；等到水滚了，蒸汽冲开细管里的活塞，顺着管子冲向玻璃壶，与等待在彼端的咖啡粉相遇，温度刚好是咖啡最喜爱的95℃。待水壶里的水全部化成水汽跑到左边，充分与咖啡粉混合之后，由于虹吸原理，热咖啡又会通过细管底部的过滤器，回到右边，把渣滓留在玻璃壶底。

图3－14　虹吸壶（左）、比利时咖啡壶（右）

4. 冷水萃取式

现在已经实现了用冷水来萃取浓缩咖啡。先在相关的萃取器具中放置新鲜的咖啡粉，然后注入冷水浸泡几小时，再过滤并储存在冰箱里。所得物是一种液态，即溶咖啡。它可以给饮食的风味增色，也可以再兑入热水满足其他饮用需要。如果觉得这种口味的咖啡还能接受，或许，你更喜欢传统的萃取法。

图 3－15　冰滴壶

5. 压力式萃取

意式咖啡机是压力萃取法的代表，它所制作出来的浓缩咖啡就是由 80℃～96℃的热水以 8～9 个大气压的力道通过压实的咖啡粉饼而制成，通常一杯只有 30mL。它是常见的最浓咖啡之一，带有独特的香气，会有一层肉桂色油脂浮在表层。它可以单独饮用，也可以进一步制成多种其他饮品。由于冲煮快速，具有浓度高的特性，且咖啡因含量低，不少连锁咖啡店或是调味咖啡都采用此法。

图 3－16　意式咖啡机

摩卡壶，也叫“意大利咖啡壶”，是一种具有三层结构的炉具。沸水在底层烧开后被气压推过中层的咖啡末进入上层，所得到的咖啡的浓度可与 Espresso 相比，只是没有浮油，但是若在咖啡溢出口处装上加压垫片，则可以萃取出金黄色的 Crema。摩卡壶和半自动式的浓缩咖啡机的结构是相同的，但出水的方式却是倒过来的，在咖啡溢出约 30 ~ 40cc 之后要尽快将壶底火源移开，然后用冷毛巾擦拭壶底即可。

图 3 – 17　摩卡壶

● 任务实施

步骤一：　学会辨别新鲜的豆子

选择新鲜的咖啡豆有六个步骤，包括闻香味、看形状、压豆、看颜色、研磨、冲煮。

（1）闻：新鲜的豆子有浓香，反之，味道很淡或者气味不佳。

（2）看：新鲜的好豆形状完整、个头丰硕，反之，形状残缺不规则。

（3）压：新鲜的咖啡豆压下去会有清脆的声音，裂开时会有香味溢出。

（4）色：新鲜的咖啡豆色泽比较暗，比较干爽，不新鲜的豆子表面浮出一层油脂。

（5）新鲜咖啡豆研磨时易黏附在磨豆机的出口上。

（6）新鲜咖啡豆冲煮容易形成泡沫，泡沫与咖啡渣分层。

以小组为单位取一小袋烘焙后 7 天的新鲜豆子，用手冲方式冲煮出一壶咖啡，饮用并记录豆子的状态以及风味，此后每隔一天，冲煮同一袋咖啡，记录每天豆子的状态以及风味状况，持续 10 天。把第 10 天的结果与第一天的相对比，分析其中的差异。

步骤二： 选择适合冲煮咖啡的水质

以小组为单位购买市面上不同牌子的蒸馏水或矿泉水，测出其中的 TDS 值，并用这些水冲煮同一种咖啡豆，找出该种豆子最适合的水质。

步骤三： 掌握合适的咖啡豆与水的重量比 （粉水比）

以小组为单位使用同一种咖啡豆，同一种水，分别以 1：8、1：15、1：20 的粉水比例，冲煮出 3 壶咖啡，分析不同粉水比对咖啡风味的影响，选择该款豆子合适的粉水比。

步骤四： 认识萃取温度对咖啡风味的影响

查阅资料，掌握手冲法、虹吸壶冲煮法、法压壶冲煮法的适用温度，并选取一种冲煮法，以不同水温冲煮同一款豆，品尝其中的风味变化。

步骤五： 了解不同的萃取方法

每个小组选择一种咖啡萃取法进行资料搜集，可以到咖啡馆或咖啡实训室，拍摄相应图片及冲煮咖啡的步骤图，并将收集的资料做成 PPT。PPT 的内容应该包括该冲煮法的水温要求、粉水比、适用研磨度、萃取时间、萃取方法等，并派一名代表为大家讲解。

任务三
手冲滴滤法

● 学习线索

咖啡手冲滴滤式，是一种个人可以充分控制咖啡各方面因素的冲泡方式，通过研磨、水温、焖蒸时间、流速等各方面的变化来调节咖啡的口味。手冲咖啡也是最能体现咖啡原味和个性的制作方式，对于咖啡师来说，想在店内或家里自己动手制作咖啡，既简单易学又充满乐趣。掌握手冲咖啡的方法，也是对一名咖啡师最基本的一个要求。

● 导入情景

作为咖啡专业的一名学生，小刘在听完老师讲解手冲咖啡的相关知识后，马上尝试自己制作手冲咖啡。他把咖啡粉磨得很细，因为他希望自己做出来的咖啡香味浓郁而且富有质感，他放了10g粉、80mL水，按照1∶8的粉水比，做出一杯咖啡拿给老师。老师喝完，眉头紧皱，跟小刘说了一段话，然后让他再做一杯。到底什么样的水粉比才能做出一杯比较浓郁的咖啡呢？

图3－18　手冲法的焖蒸

● 任务描述

使用梯形三孔滤杯制作单品咖啡并进行服务。

● 相关知识一

一、 了解滤纸滴滤法的工具

滤纸滴滤壶分为滤杯、滤纸和咖啡壶三个部件，滤纸需在使用时折叠好，放入滤滴壶当中使用，作为分离咖啡渣与咖啡液的用具；滤杯是用于盛载咖啡粉的用具，常用的有单孔的梅利塔式、三孔的卡利塔式和圆锥形的哈里欧（Hario）式；咖啡壶一般选择玻璃材质，有刻度，以便于观察水量；手冲壶则是用于注水的用具，选择注入口根部较粗、尖端较细的不锈钢滴滤壶比较合适，这样的好处是便于调节水流粗细，控制水流。

图 3－19　单孔杯（梅利塔杯）

图 3－20　三孔杯（卡利塔杯）

图 3－21　圆锥形（哈里欧式）

滤纸滴滤法所使用到的滤杯对萃取出的咖啡有较大的影响，因此很有必要了解不同类型滤杯的优缺点。滤杯材料分为陶瓷、树脂等材质，最大的不同在于杯底的开孔数量，单孔式滤杯由德国梅利塔夫人发明，需一次注水完成，因此容易造成滤杯孔堵塞导致过度浸泡的问题。浅度烘焙的咖啡不适合使用单孔式滤杯，非常适合中深度咖啡的烘焙，所以这种滤杯深受喜欢深度烘焙咖啡的德国人欢迎。而三孔式滤杯却很适合东方人，3 个滤孔容易让热气穿过，因此萃取的咖啡液更加均匀，适用于各种烘焙度的咖啡，滤纸的边缘使得滤纸与杯壁之间有间隙，便于热气排出，防止咖啡液温度过高。

表 3－6　不同滤杯的特点

滤杯	研磨度	温度变化	粉末表面	水流穿透速度	风味	口感	萃取时间
单孔式滤杯	粉末细	水温高	急速膨胀	慢，易堵塞	较浓厚	苦味重	时间长，单宁萃取过度，涩味重
三孔式滤杯	粉末粗	水温低	膨胀速度慢	较快	较清爽	苦味轻	时间短，有香气，但口感较单薄
圆锥形滤杯	粉末粗	水温较高	膨胀速度较快	快	清爽	苦味轻	时间短，明亮酸香

二、　认识滤纸滴滤式冲煮咖啡的原理及特点

滤纸滴滤式冲煮咖啡简单地说就是把咖啡磨粉后，放在一个漏斗里（附有滤纸），上面浇上热水，由于地球引力作用，咖啡就从底下流出来。新鲜的咖啡豆具备许多优良的物质，使用该种方法，只萃取一次，便落入杯里，所以只萃取到挥发性较高的物质，因此，可冲泡出气味芬芳、干净澄澈且杂味最少的咖啡，这是相当不错的冲泡方法。但由于滤纸过滤是一种渗透作用，咖啡中的胶质不能透过滤纸被萃取出来，所以咖啡中的醇味会比较弱，油脂也会相应减少。

滤纸滴滤式所表达的咖啡的风味更为明亮、顺滑，并富有层次感，甜感极佳，但厚实度稍差，这与滤纸会滤掉部分油脂有关。

三、　滤纸滴滤法所使用的研磨度和烘焙度

一般手冲咖啡适用中研磨和粗研磨。这是由它的萃取方式和萃取时间决定的，手冲咖啡如果研磨过细，味道则会太苦，而且咖啡粉容易堵塞滤纸，造成萃取过度。对于手冲咖啡选用的咖啡烘焙度则无要求。深度烘焙的咖啡豆萃取率高，宜选择较粗研磨加以抑制，另外所需要热水的温度稍低，避免冲煮出的咖啡过苦而难以入口；烘焙度较浅的咖啡豆的萃取率低，应当选择稍细研磨。

表 3－7　研磨度、烘焙度与风味的关系

研磨度	烘焙度	风味
粗	深烘焙	淡口味或降低深烘焙豆焦苦味
中	浅烘焙、中烘焙或中深烘焙	浓淡适中
细	浅烘焙	重口味

四、 滴滤式的水温参数

开水的温度会影响咖啡的气泡，水温过高时，产生的气泡较多，且焖蒸过程膨胀的咖啡液面也会裂开。相反的，水温过低，产生的气泡就会减少，使用滤纸时，适宜的水温为 80℃ ~95℃。

1. 新鲜度对水温的影响

新鲜的咖啡，冲泡水温偏低，一般在 80℃ ~85℃之间。因为新鲜咖啡豆烘焙过后会产生大量的二氧化碳，水温比较低时只能把咖啡的芳香物质萃取出来，温度太高，大量二氧化碳涌出，很容易冲破焖蒸时的“汉堡层”，从而影响到风味。

新鲜度较差的咖啡，冲泡温度偏高，一般在 90℃ ~95℃之间。不新鲜的豆子，二氧化碳已经流失过多，即使水下去，活力也已减弱，因芳香物质需要较高的水温才能挥发出来。

不难发现，二氧化碳对咖啡豆芳香物质的影响非常重要，我们平时制作手冲咖啡时在“焖蒸”情况下会看到不断膨胀的“汉堡包”现象，这其实正是新鲜咖啡细胞中二氧化碳在热水作用下大量迅速释放的现象，如果“焖蒸”时没有看到这样的膨胀现象或膨胀不明显，那就表明豆子的新鲜度已经开始下降。

2. 咖啡烘焙度对水温的影响

浅烘焙咖啡：手冲水温较高，一般在 85℃ ~90℃之间，这是因为烘焙越浅，酸味越强，苦味越弱。

中烘焙咖啡：手冲水温适中，一般在 80℃ ~85℃之间，这是因为酸味苦味都比较平衡。

深烘焙咖啡：冲泡水温较低，一般在 75℃ ~80℃之间，这是因为烘焙越深，酸味越弱，苦味越重。

3. 研磨度对水温的影响

粗研磨：适宜用较高的水温并快冲。

中研磨：适宜用85℃左右的水温并中速冲泡。

细研磨：适宜用较低的水温，75℃～80℃水温并慢冲泡。

（参考网站：咖啡·家，http：//www. baristacn. com/）

五、 手冲咖啡的粉水比参数

粉水比指的是咖啡粉与生水的比例，有些人会误解为咖啡粉与黑咖啡的比例，要注意区分。有些重口味的咖啡师会选择1：12的粉水比，通过少水量短时间的冲煮，只萃取出咖啡较易冲煮出来的芳香酸甜的物质，避免萃取出一些苦涩的物质。这种做法也可以泡出醇厚美味的咖啡，但是浓度太高，并不是所有人都能接受。有些咖啡师喜欢清淡的口味，他们可能会选择1：18的比例来冲煮，这种需要味觉比较敏锐的人，才能从浅薄的咖啡液中鉴赏出其中的层次感。比较适中的口味，应该选择1：15～1：16之间的比例。

粉水比参数：

重口味　——1：12～1：14

适中口味——1：15～1：16

淡口味　——1：17～1：18

六、 滴滤咖啡的萃取时间

冲煮时间越长，浓度越高，有些咖啡师冲煮一壶手冲咖啡的时间不到一分半钟，速度很快，却影响了咖啡的风味，时间太短，咖啡的口感不够细腻，喝起来比较沉闷缺乏活力，口味不平衡，萃取不足，导致味道尖酸，难以适口，咖啡的精华仍未被冲煮出来。手冲时间太长，容易造成萃取过度，会萃取过多的苦味物质，冲煮出苦口的咖啡。

萃取时间参数：

15～20g粉——2min～2min 30s

21～25g粉——2min 30s～3min

26～30g粉——3min～3min 40s

● 任务实施

步骤一： 材料与器具的准备

（1）适量纯净水。
（2）选用新鲜的咖啡豆，并在冲煮前将其磨成粉末。
（3）滤杯一个。
（4）滤纸两片（一片备用）。
（5）咖啡壶一个。
（6）手冲壶一个。
（7）咖啡量匙一只。
（8）温度计一个。
（9）湿抹布一块。
（10）咖啡杯一套。
（11）电子秤一把。
（12）磨豆机一台。
（13）秒表一个。

滤杯
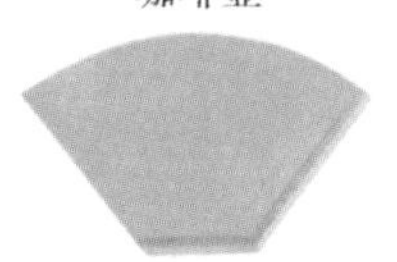
咖啡壶

滤纸

手冲壶

图 3－22　手冲工具

步骤二： 折叠滤纸

沿滤纸的侧面折痕折叠，然后和水平方向折痕反方向折叠，折叠要整齐，而且侧面和底面折叠的方向是相反的。然后用手将折痕处压平，把它撑开成圆锥状。

图 3－23　折叠滤纸

步骤三：放入滤纸—磨粉—装入滤杯

（1）将滤纸放入滤杯中固定，使滤纸边缘紧贴在滤杯上，然后用细口手冲壶注入热水温热滤杯和湿润滤纸，去除滤纸的异味。记住，稍后要将漏入咖啡壶中的水倒掉。

图 3－24　温杯

（2）称取 30g 新鲜咖啡豆并将其磨成粉，倒入放置有滤纸的滤杯中。

图 3－25　倒入咖啡粉

（3）为使焖蒸彻底，轻轻抖动，让滤杯内的咖啡粉呈平铺状。

图 3－26　抖平咖啡粉

步骤四：　焖蒸

（1）从距离咖啡粉 3～4cm 处，以缓慢的速度垂直加入用温度计测量好的热水。然后按照顺时针方向注水，使咖啡粉全部被浸湿。咖啡粉膨胀起来后停止注水，这一状态叫“焖蒸”。

图 3－27　第一次注水

（2）大约在5~8秒内，咖啡壶内有咖啡液缓缓滴入，咖啡粉表面会膨胀，呈汉堡状，保持这种焖蒸状态30秒左右。手冲时手腕与手臂务必打直，手腕不要左右上下摆动，腕部和手臂连成一条直线。

图3-28　焖蒸状态

步骤五：　第2~4次注水

（1）焖蒸结束后进行第二次注水，再次以画圈圈的方式，缓慢地注入热水，切记水流不要直接接触滤纸，注意圆圈保持在距咖啡粉边缘1cm以内，第二次注水量占整杯咖啡水量的60%。

图3-29　画圈圈注水

（2）在膨胀的咖啡粉渐渐消退，咖啡液面低落时，第三次注入热水，这时咖啡粉中的成分大部分被萃取出来，注水量占30%。

图3-30　膨胀消退，第三次注水

（3）第四次注水是为了调整咖啡浓度，所以，在注入热水时，可稍微加快速度，水量一般占10%左右。不过，若萃取时间过长，一些影响咖啡味道的物质将会释出。

步骤六：　结束萃取

（1）当萃取的咖啡在咖啡杯中到达一定的刻度（一定的粉水比）或咖啡粉表面出现泡沫，由棕色变成白色时，即使滤杯中有咖啡液，也应该将咖啡杯移开，同时准备好抹布。

图3-31　移开咖啡杯，完成萃取

（2）把做好的咖啡倒进之前预热好的咖啡杯中即可饮用，仅需3分钟，就可以完成咖啡的萃取。如果残留在滤纸上的咖啡粉呈钵状，则萃取方法正确。

图3－32　咖啡粉成钵状

步骤七：服务

给客人提供手冲咖啡，可以以整壶上的形式，再配上杯碟，让客人自己分；也可以以杯的形式，呈上给客人饮用，还需提供奶粒、糖包和餐巾给客人。

图3－33　以杯或壶的形式服务客人

步骤八：　用具清洗

（1）用热水清洗掉咖啡壶里的咖啡残液，用清洁布把油脂擦去，将咖啡壶清洗干净。

（2）将咖啡粉残渣连同滤纸一起倒掉，清洗滤杯并晾干。

（3）手冲壶没用完的水要及时倒掉，使其内部保持干爽。

（4）所有用具使用完后即放回原处，以便下次使用。

● 任务回顾

滤纸滴滤法的操作要点

（1）注水：将手冲壶提起，保持壶嘴距离咖啡粉上方 3～4cm 左右的距离，壶嘴处于咖啡粉正中央位置，目光直视滤杯，轻轻倾斜壶嘴角度，让水流缓缓流出。以咖啡粉中心点为圆心，由内往外顺时针画圆注水。同心圆最外圈距离滤器边缘 1cm 以内。保持水流纤细、均匀、缓慢、稳定，注水停止时注意保持水流缓和。

（2）注水熟练之后按照正常的萃取注水步骤进行练习，即焖蒸注水。第 2～4 次注水量分别为总体注水量的 60%、30% 和 10%。

（3）注水时，切勿浇至滤纸边缘，咖啡粉一旦形成山丘状，其定型能力变弱，会导致焖蒸不彻底。

（4）三次注水结束后，轻轻将滤器和滤壶分离，注意不要将滤器内残余水滴溅到吧台上。

（5）手冲壶注入咖啡壶的水量至七八分满比较容易操作，最好选用专业的细口壶，有利于控制水的流速。

（6）过滤的咖啡液不要滴落到最后一滴，稍留残余，倘若全部滴完可能有杂质、杂味。

（7）水温控制在 85℃～90℃之间，一般来说，用 90℃以上的水冲泡苦味强，75℃以下的温水冲泡酸味强。

（8）磨粉时，切勿把粉研磨得太细，选择中度研磨或粗研磨。

（9）选用的粉水比大约在 1：15～1：16 之间，以获得适宜的浓度。

● 相关知识二

一、 了解法兰绒滴滤法的工具

法兰绒滴滤法与滤纸滴滤法均属于滴滤法，所需的用具有所相同，包括法兰绒滤布，它与滤杯的作用相似，用于盛放咖啡粉，但与滤纸相比，其网眼较粗、柔软有弹性，所以能够萃取出较多的油脂成分，味道更加醇厚；此外，由于滤布是软的，缺少一个承托的架，因此，与滤纸滴滤式相比，多了一个支架，如果没有支架，则无法顺利冲煮出好的咖啡。下图为两种不同的法兰绒支架，左图是一体式法兰绒支架，右图则需要购买法兰绒，再安装在支架上；其他工具与滤纸滴滤式冲煮法相同。

法兰绒滤网的内外侧一般是不以区分的。一般来讲，粗研磨的时候绒毛立起的一侧被称为内侧，细研磨的情况被称为外侧。

图 3 – 34　一体式法兰绒支架

图 3 – 35　分体式法兰绒滤布支架

二、 认识法兰绒滴滤法冲煮咖啡的原理及特点

法兰绒滴滤法是一种使用法兰绒萃取咖啡的方法，与滤纸滴滤法的原理相同，在咖啡粉表面浇水，咖啡经膨胀后会冒出泡沫，并逐渐往下过滤，冲过滤布，所有的咖啡成分将会被完全冲出来。此外，滤布的保温性更胜一筹，焖蒸时，从容不迫，萃取速度适中，能够将咖啡的美味发挥到极致。

利用法兰绒滴滤法冲煮出来的咖啡，可以保留更多的油脂，芳香物质更容易通过，因此，冲煮出来的咖啡口感厚实很多，细腻有深度，更能体现咖啡的风味。

三、法兰绒滴滤法所使用的研磨度和烘焙度

法兰绒滴滤法和滤纸滴滤法所选择的咖啡豆研磨度和烘焙度相同，选择中度研磨或粗度研磨，对于咖啡豆的烘焙度没有特别要求。

● 任务实施

步骤一：材料与器具的准备

（1）适量纯净水。
（2）选用新鲜的咖啡豆，并在冲煮前将其磨成粉末。
（3）法兰绒滤网一个。
（4）咖啡壶一个。
（5）手冲壶一个。
（6）咖啡量匙一只。
（7）湿抹布一块。
（8）咖啡杯一套。
（9）电子秤一把。
（10）磨豆机一台。
（11）秒表一个。
（12）咖啡匙一把。

图 3－36　法兰绒手冲壶

步骤二： 清洗新滤布

将新的滤布放入水中煮沸几分钟，除去表面可能残留的浆糊或荧光涂料，消毒并且除去异味，清洗完后拧干，待用。

图 3－37　用沸水浸泡滤布

图 3－38　拧干滤布

步骤三： 咖啡粉装入滤网，形成凹槽

（1）将滤布放入冲壶中，称取 30g 咖啡豆，选用中度研磨，把咖啡豆磨成粉，并将咖啡粉倒入法兰绒滤布，轻轻晃动使咖啡粉表面平坦。

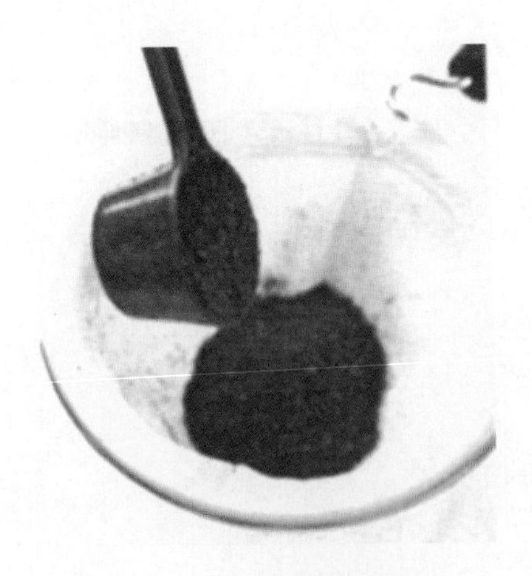

图 3－39　倒入研磨好的咖啡粉

（2）为了使开水浸透所有咖啡粉，用咖啡匙将中间的咖啡粉压低，形成一个凹槽。

图3－40　用咖啡匙向下压

步骤四：焖蒸

用温度计测量开水的温度，待其降至90℃，将手冲壶的壶嘴置于咖啡粉凹槽中央正上方，缓慢地进行第一次注水。由中心向外侧以画圈圈的形式继续注入开水，以保证开水分布均匀。第一次注入开水是为了焖蒸所有的咖啡粉，咖啡缓缓滴入并覆盖咖啡壶底部即可。

图3－41　垂直注水

图3－42　咖啡粉表面呈“汉堡状”

步骤五： 第二、 三次注水

（1）经过20～30秒的焖蒸，以画圈圈的方式第二次注入开水。当开水浸透所有的咖啡粉后，咖啡原本的风味就被萃取出来了。

图3－43 第二次注水

（2）在咖啡还未完全滴落时，第三次注入开水，依然是由中心向外侧螺旋式注入。

图3－44 第三次注水

步骤六：最后注水—完成

（1）中间的咖啡粉稍稍凹陷时，第四次注入开水。第五次也是一样。萃取的咖啡量达到所需分量时，即使滤布中还有未被萃取的咖啡，也应该将滤布撤下。

图 3－45　第四次注水

（2）标准的冲煮时间约为 3 分钟，只要保持一定的注水时间和距离，就能冲煮出具有稳定口感的咖啡。若咖啡粉呈现中央凹陷左右对称的状态，便代表冲得很好。

图 3－46　咖啡粉表面呈凹陷状

步骤七：服务

手冲咖啡提供给客人，可以以整壶上的形式，再配上杯碟，让客人自己分；也可以以杯的形式，呈上给客人饮用，还需提供奶粒、糖包和餐巾给客人。

步骤八：清洗方法

（1）使用法兰绒后，拭去残渣，用水冲洗，不能使用洗涤剂，以免洗涤剂的味道残留在滤布上。

（2）法兰绒的保管：不能使其干燥，要将其放进装有水的塑料盒中保鲜，放入冰箱中保存。

（3）冲架用水清洗干净，擦干，摆放回原来的位置。

（4）其他工具的清洗同滤纸滴滤法的工具清洗方法。

法兰绒滴滤法的操作要点

（1）浅烘焙的咖啡水温约为95℃，而深烘焙的咖啡水温要低一些，但最低不要低于90℃，水最初如细线般注入，边控制水量边画圆注入。咖啡粉起泡后焖蒸20秒，这段时间需“暂停”。第二次以后，每次用等量的开水旋涡注入，从中心到外侧再回到中心。

（2）法兰绒冲泡所需咖啡粉的粗细程度要高于滤纸冲泡，一般采用中度研磨。

（3）不要让所有水滴完，应在滤布内的开水尚有残留时取出。

（4）不要将水倒在边缘的15~20mm处，在注水时直到最后都不能冲垮与布面接触的“咖啡墙”，否则冲煮会不均匀。

（5）使用过后的法兰绒布要仔细清洗，以便再次使用；而针对不同种类的咖啡，最好不要使用同一块绒布，以免引起味道上的混淆，可以多准备几块绒布，最好做到一种咖啡一块绒布。

● 拓展知识

焖蒸应注意的几点要素

焖蒸是制作手冲咖啡过程中十分重要的一个环节。好的焖蒸能够使咖啡粉充分浸润，激活咖啡活性，从而使得后面的萃取过程更加顺利。那么如何做好焖蒸这一环节呢?

焖蒸从字面上理解就是给磨好的咖啡粉一个“盖子”将其“盖住”，让其在里面进行“反应”，以便后面的操作。这“盖子”就是水，所谓的“反应”就是激活咖啡粉的活性。这和制作馒头之前要先发面是一样的道理，合适的水与面的比例、合适的温度、合适的时间才能使面充分发酵，制作出的馒头才会好吃。这一步焖蒸也需要注意几点要素才能充分激活咖啡粉的活性，使得制作的咖啡更加美味。

1. 合适的水温

制作咖啡需要使用温度适宜的热水，焖蒸也是如此。过高的水温（95℃以上）会导致咖啡粉在浸润的过程中就将咖啡的部分味道特性破坏，导致萃取的咖啡味道浑浊，而过低的水温（80℃以下）又会导致焖蒸不充分，咖啡活性激发不够，导致其味道单调不丰富。一般来讲，制作手冲咖啡的水温保持在83℃~85℃之间比较适宜，焖蒸的水温也应控制在同一区间内。

2. 合适的水量

焖蒸是萃取之前的准备步骤，只是为了将咖啡粉浸润使其味道特性被激活，所以合适的水量很重要，因为严格来说这并不是萃取。如果水量过多，看到咖啡液流出，便已经开始了萃取的过程，焖蒸的时间就会缩短而导致咖啡活性的激发不充分。水量过少会怎么样呢? 水量不足虽然没有咖啡液滴落，但是也会看到干粉仍然存在，即便表面上看不到干粉，但是粉层底部及中间的部分肯定会存在焖蒸不充分的情况，这样也不能充分激发咖啡的味道特性。合适的水量既要保证咖啡粉被充分浸润，又要注意避免咖啡被过度萃取。一般以咖啡液滴落几滴或者在咖啡容器底部薄薄的一层为佳。

3. 合适的时间

焖蒸的关键作用在于让咖啡粉的活性被激发，有了合适的水温、合适的水量仍然不够，时间的控制同样重要。焖蒸的时间过长会导致咖啡粉浸润时间太长，咖啡粉味道特性被充分激发，不好的味道特性也变得活跃，而好的味道成分经过充分浸润后开始消失。焖蒸的时间不够，很明显会造成焖蒸不足，还没来得及充分苏醒的味道特性很快就开始被萃取，味道不能得到全面的表现。焖蒸时间以20～25秒为宜，或者根据肉眼判断咖啡粉的膨胀程度，在即将膨胀到最大的时候开始萃取，不要等到膨胀到最大后再开始，因为这时内部的咖啡粉可能就已经焖蒸过度了。

4. 正确的焖蒸方式

焖蒸，当然要将咖啡粉焖住才称得上焖蒸。这就对焖蒸的注水方式提出了要求。咖啡制作中一般会从中心向外面画圆来进行萃取，焖蒸也应采用这样的方式。但需要特别注意的是，焖蒸的时候水应均匀分布在咖啡粉上，不能直接浇在滤纸上面。直接浇在滤纸上面会有什么影响呢？滤纸与滤器贴合，热量无处散发，会冲破咖啡粉层而出，形成空洞，冷空气进入，正在焖蒸的过程被破坏，咖啡的美好味道就不那么容易被萃取出来。

以上只是简单的几点应该注意的要素。真正制作咖啡时也应该根据实际情况来进行调整或者选择。比如新鲜的咖啡豆研磨成粉，不需要太高的水温也能使咖啡粉得到充分激活，因为豆子本身的活性就很高，而烘焙后存放时间较长的豆子在焖蒸时就要适当地使用高一些的水温，这样才能使活性已经不是很高的豆子的味道特性被激活。总之，焖蒸是十分重要的环节，正确地焖蒸才会使整个咖啡制作过程更加顺畅与成功。

任务四 虹吸壶冲煮法

● 学习线索

在咖啡馆等地方经常能看到虹吸壶，很多人常常认为它是化学实验器具。看着水在沸腾上升时，萃取出来的黑咖啡慢慢地下降，一步步都掌握在煮咖啡的人手中，仿佛是一场魔幻的表演，无论是在视觉和味觉上都是一种享受。采用虹吸壶制作咖啡，操作简便，制作过程也不乏趣味性。因此，对于一名咖啡师来说，这绝对是一项妙不可言的工作。掌握虹吸壶的操作，需要充分认识虹吸壶的各个部件及用途，了解用虹吸壶制作咖啡的原理，并懂得如何正确地使用虹吸壶冲煮咖啡，最后还要懂得如何正确清洗虹吸壶。掌握了以上知识，才算是真正学会了虹吸壶制作技术。

● 导入情景

有一次，虹吸壶的比赛安排在室外举行，温度只有12℃，在这个环境下，黄敏在进行着紧张的虹吸壶比赛。当她看到虹吸壶上壶的水上升后，急忙往里放入咖啡粉，并把火力调小，不到2秒的时间，上壶的水自动回流到下壶，然而再把火力调大时，发现水还是没有回到上壶。请问这其中出现了什么问题？

图3－47　咖啡师制作虹吸壶咖啡

● 任务描述

使用虹吸壶制作单品咖啡并向客人提供服务。

● 相关知识

虹吸壶又称“赛风壶”（Syphon），是一种堪称完美的咖啡烹制工具，尤其是对于单品咖啡而言，可谓最能体现咖啡风格的一种冲煮工具。用虹吸壶冲煮咖啡，应选用非深度烘焙的咖啡豆，冲出的咖啡香度好、醇度高，是不少咖啡迷的最爱。因为它能萃取出咖啡豆经过烘焙后所带有的那种爽口而明亮的酸，而酸中又带有一种醇香，更能体现出咖啡的独特风味。

一、 了解虹吸壶冲煮法的工具

虹吸壶的构造略显复杂，它有上壶、下壶、滤网（冲泡时安置于上壶的底部）与支架（用于固定下壶）。上壶略呈漏斗状，下缘的细管可深入下壶，冲泡时，滤网应置于上壶的底部，即细管的上方。一般而言，火源有两种，即“酒精灯”与“电热式”。由于虹吸壶无法放在煤气炉上，因此，有些咖啡馆选择安装固定的煤气火源，以提高冲煮的效率。

在底部套上滤网，将咖啡粉放入。

图 3 – 48　上壶（萃取壶）

瓶身标有水量刻度，将水放入瓶中，水煮沸后上升至上壶，萃取出来的咖啡液开始往下滴。

图 3 – 49　下壶（容量壶）

先放进工业酒精，点火，加热烧瓶内的水。

图 3 – 50　酒精炉

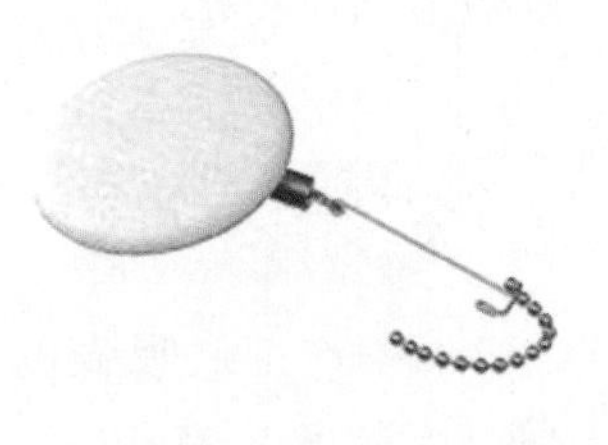

放入上壶底部的玻璃管口，过滤咖啡渣。

图 3 – 51　滤网

小酒精炉的加热能力不足。虹吸壶通常都附有一个小酒精炉，以它作为火源，加热能力并不理想，当下壶的水为冷水时，加热时间太长。当热水在 80℃左右时，便已全部流向上壶，虽然下壶持续加热，但很难达到 90℃以上，温度不足会使冲煮出来的咖啡味道偏酸，因此建议使用电加热炉或小型瓦斯炉来冲煮咖啡。

二、 认识虹吸壶冲煮法的原理及其特点

虹吸壶的原理主要是利用蒸汽压力，下壶中被加热的水经由虹吸管和滤网推升到上壶，然后与上壶中的咖啡粉混合，并进行冲煮，从而将咖啡粉中的成分完全萃取出来。萃取完成后，移开火源，随着温度逐渐降低，下壶已呈半真空状态，又失去上扬推力，于是下壶又把上壶的咖啡液吸下来，通过中间的滤网，咖啡粉被阻挡在上壶的滤布上，萃取完成。

虹吸壶的最大特点是，下壶推升到上壶的水温，可运用炉火控制技巧，保持在低温的 86℃ ~92℃或高温的 88℃ ~94℃之间，前者是泡煮深烘焙豆的较佳的水温范围；后者是泡煮浅中烘焙时的较佳水温范围。烘焙度较深的咖啡豆水温过高，则冲煮出来的咖啡苦涩味太重；烘焙度较浅的咖啡豆水温偏低，则冲煮出来的咖啡尖酸味明显，难以适口。萃取温度容易控制，泡煮品质相对于手冲，更为稳定。

由于虹吸壶的滤网是布制的，咖啡豆中的油质与胶质可轻易穿透，落入杯里，因此可以煮出一杯具有稠感的咖啡，甚至在表面形成一层油光，所以第一口的感觉较厚，最大的口感特点是厚实。

三、 了解适合虹吸壶所使用的咖啡豆研磨度和烘焙度

一般来说，虹吸壶冲煮法选用的研磨度和手冲差不多，中研磨和粗研磨的咖啡粉比较适合，一般不适宜把咖啡豆研磨得太细，冲煮的水温略高，容易使成品过于浓稠，风味不佳。此外，使用虹吸壶冲煮咖啡，咖啡豆的烘焙度的选择也相当广泛，中度烘焙和深度烘焙都适用，前者有明亮的酸味，后者则有浓厚的醇味。

四、 虹吸壶冲煮法的粉水比

虹吸壶冲煮等量的咖啡比手冲所需的水分量要多，因为虹吸壶是采用加热的方式，水温较高，萃取时间稍短，以偏多的水分量来达到高浓度，弥补萃取的不足，这正是虹吸壶冲煮法醇厚特质的成因。

粉水比参数：
重口味 ——1：12～1：13
适中口味——1：14
淡口味 ——1：15

五、虹吸壶冲煮法的搅拌次数

虹吸壶冲煮法比手冲多了一个很重要的步骤，那就是搅拌。搅拌的目的是使咖啡粉与水充分接触，把咖啡的可溶性物质萃取出来。搅拌的时间越长，力道越大，越易提高萃取率、胶质感、香气与苦味。如果搅拌时间短甚至不搅拌，容易萃取不均匀或萃取不足，咖啡的芳香物质残留在咖啡渣内，冲出的咖啡就会淡而无味。

搅拌次数参数：
二拌法：浓度适中，味谱干净明亮，适合一般口味。
三拌法：浓度较高，味谱较厚实低沉，适合重口味。
不停搅拌法：提高浓度与香气，但杂苦味也被提取出来。

六、虹吸壶冲煮法的时间参数

虹吸壶的冲煮时间一般是40～60秒，还需根据口味的浓淡和烘焙度来决定，烘焙程度深或者口味较淡者，冲煮时间应该较短。烘焙程度深，冲煮时间长，则苦涩味重；喜欢清淡口味咖啡的，冲煮时间也不能长，可煮40～50秒；烘焙程度浅，或喜欢重口味的，可以煮50～60秒。

萃取时间参数：
40～50秒：淡口味，浅中烘焙，口味淡雅，抑制深烘焙豆的焦苦。
50～60秒：浓淡适中，适合浅烘焙、中烘焙、中深烘焙。
60秒以上：重口味，浓度、粘稠度、香气与杂苦味升高。

● 任务实施

步骤一： 材料与器具的准备

（1）适量的纯净水。

（2）选用新鲜的咖啡豆，并在冲煮前将其磨成粉末。

（3）一套虹吸壶，包括：上盖、上壶、下壶、虹吸壶支架、滤网、酒精灯（使用95%的工业酒精）和酒精灯防风罩。因为酒精灯的火力在使用时调整起来有一定的困难，所以要将其调小一点（棉芯只要稍微露出顶端2～3mm即可）。

（4）咖啡量匙一只。

（5）木质搅拌棒一根。

（6）湿抹布一条。

（7）秒表一个。

（8）电子称（量取咖啡豆）一台。

（9）咖啡杯一套。

（10）磨豆机一台。

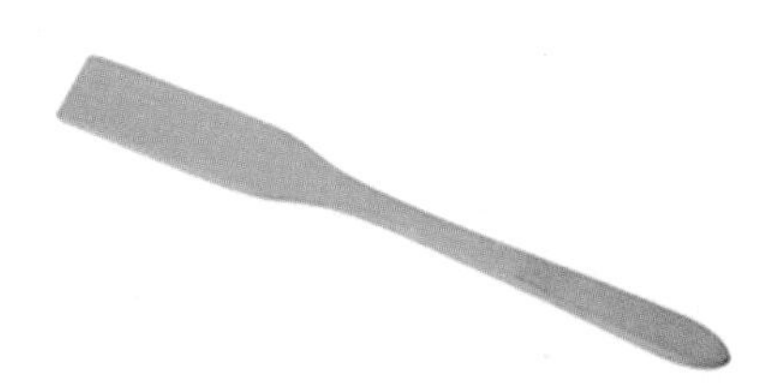

图3－52　木质搅拌棒

步骤二： 装水—勾好滤网

（1）将下壶装入热水，至“两杯份”图标标记。

图3－53　注水

（2）把滤网放进上壶，用手拉住铁链尾端，轻轻勾在玻璃管末端（很多人会忘记这一步，滤网会被上升的水流冲开，咖啡粉末渗入下壶，泡出一壶浑浊的咖啡）。注意不要突然用力地放开钩子，以免损坏上壶的玻璃管。

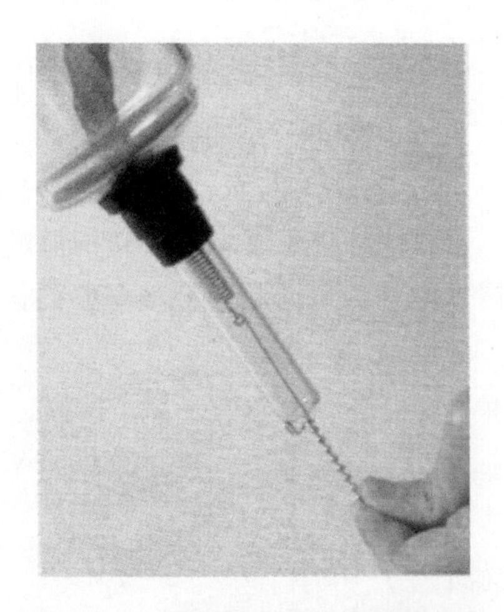

图 3-54　铁链尾端勾住玻璃管末端

步骤三：　斜插上壶—烧水—温杯

（1）点燃酒精灯，把上壶斜插进去，让橡胶边缘抵住下壶（上壶不会摔落），使铁链浸泡在下壶的水里。接着烧水，等待下壶冒出连续的大气泡。

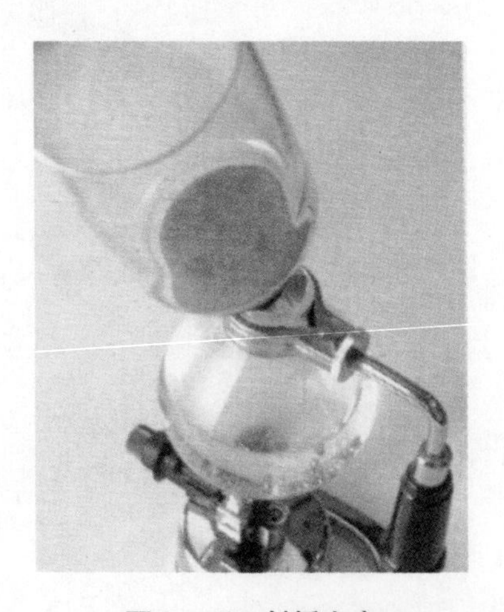

图 3-55　斜插上壶

（2）往咖啡杯中倒入半杯热水，温热咖啡杯，稍后用其盛装煮好的咖啡，如此，咖啡在饮用的过程中可保持一定的温度。

步骤四： 扶正—插进上壶

（1）在下壶连续冒出大气泡的时候，把上壶扶正，左右轻摇并稍微向下压，使之轻柔地塞进下壶。

（2）上壶插上以后，可以看到下壶的水开始往上升。保持 15 秒，让水温稳定。（观察上壶是否有大气泡冒出，如果有，则表示滤布边缘缝边不平，气泡从细缝冒出，此时，可用搅拌棒压冒泡处）

图 3－56 水沸腾上升

步骤五： 下粉—进行第一次搅拌

（1）水温稳定后，加入研磨好的咖啡粉，用搅拌竹匙左右向下压，按顺时针方向搅拌 5 下，第一次搅拌的同时开始计时 40 ~ 60 秒（咖啡产地、烘焙度与研磨机新旧不同导致萃取时间有所差异，萃取时需观察咖啡粉表面，不可产生大气泡或裂纹，若出现此现象则表示火太大，应将火焰调小些）。

图 3－57 下粉

（2）搅拌动作要轻柔，避免暴力搅拌。如果是新鲜的咖啡粉，会浮在表面形成一层粉层，这时候需要将咖啡粉搅拌开来，咖啡的风味才能被完整地萃取出来。正确的搅拌动作是将竹匙按左右方向拨动，带着下压的劲道，将浮在水面的咖啡粉沉浸在水里。

图 3-58　第一次搅拌

步骤六：熄火—进行第二次搅拌

第一次搅拌后，计时 40 秒，即可将酒精灯移开，作最后一次搅拌，顺时针搅拌 5 下，搅拌完毕时，可以看到上壶的水快速地回流至下壶（如果咖啡豆足够新鲜，此时下壶会有很多浅棕色的泡沫）。为加快冷却速度，也可用湿毛巾贴住下壶，让上壶的咖啡液快速回流到下壶，以免萃取过度，增加苦味。

图 3-59　咖啡液回流到下壶

步骤七： 完成萃取

前后摇动上壶，使上壶与下壶分离，把上壶放在上盖，把下壶的咖啡倒进提前预热好的咖啡杯中，即可冲煮出美味的黑咖啡。

图3－60 上下壶分离

步骤八： 服务

呈上虹吸壶煮制的咖啡给客人的时候需配上牛奶、糖包、咖啡匙、餐巾纸等，盛装咖啡应选用精美的骨瓷杯。

步骤九： 用具清洗

（1）用手握于上座玻璃管，左手手掌往瓶口处轻拍三下。

（2）然后，在玻璃周围再轻拍三下，使咖啡粉末松散。

（3）将咖啡粉倒掉后，再用清水冲洗上杯内部，轻转一圈冲洗。

（4）再用清水直冲过滤器，使渣滓清除。

（5）把过滤器弹簧钩拨去，用清水彻底洗净。

（6）用双手合十挤压转圈拧干即可（不用时请将过滤器与滤布置于冰水内，以免氧化，滤布是消耗品，即使每次使用后清洗得很干净，也会因堆积过多油垢而发生堵塞，致使上壶咖啡液回流到下壶的速度变慢，此时就要更换滤布了）。

（7）用洗杯刷沾上清洁剂，刷洗上座，冲洗时应小心避免敲破瓶口、避免玻璃管撞击水槽或杯子等。

任务回顾

虹吸壶冲煮法的操作要点

（1）下壶要擦干，不能有水滴，否则加热时可能会破裂。

（2）拔上壶时要朝右斜方往上拔，切勿拔出时，玻璃破裂。

（3）中间过滤网下面的弹簧要拉紧，挂钩要钩住，要拨到正中央。

（4）插上壶要往下插紧。

（5）时间：全部40～60秒（勿超过时间太久），特别咖啡可煮1分钟。

（6）咖啡豆要新鲜，勿受潮，咖啡豆最好现磨现煮，最香、好喝。

（7）注意风向，切勿直吹火源。

（8）煮过的咖啡粉先拍打松散，倒掉，再用清水冲洗。

（9）采用合适的研磨豆，酸性豆粗磨，苦味豆细磨。

（10）装咖啡的杯具要提前温好。

（11）滤网要泡在清水中备用、定期清洗并更换滤布，或将过滤器放在罐中放入冰箱冷藏保存。

（12）下座内的水最好用热开水，节省煮沸时间。

（13）木棒拨动或搅拌只要插下2/3处，勿刮到底下的过滤网。

（14）木棒中途勿沾其他水再拿回去拨或搅，否则会弄脏原咖啡液。

（15）咖啡粉及水量要正确，煮好倒入咖啡杯中刚好八分满。

拓展知识

有资料写到，留在上壶的咖啡渣要形成一个小山丘，才算是成功的冲煮，甚至许多咖啡师都这么认为，因此，很多人拼命想煮出一个小山丘。这种说法可以相信，但不必过度迷信，因为上壶底部正中央部分是滤布的位置，若形成小山丘则表示咖啡粉大都留在滤布的正上方，较能发挥萃取功能；但其实，要形成小山丘的方法很简单，移开火源后，当上壶的咖啡准备流向下壶时，只要用汤匙以一个方向（顺时针或逆时针方向）轻轻搅拌3～5次即可；待咖啡全部流入下壶后，就可以看到美丽的小山丘。倘若使用新鲜的咖啡豆，上面还会有许多晶莹剔透的小泡沫，像博里尼花开满山坡。

任务五

冰滴壶滴滤法

● 学习线索

利用冰滴壶做出来的咖啡没有杂味，不酸涩、不伤胃，萃取出的咖啡口感香浓、滑顺、浑厚，让客人赞叹不已。因此，咖啡师掌握该项技术，就能够做出更优质的咖啡，在咖啡市场上更具优势。掌握冰滴壶制作技术，需要了解冰滴壶的构造、原理、制作技术以及相关注意细节，并懂得如何保养维护，才能做出一杯完美的冰滴咖啡。

● 导入情景

炎热的夏天，许多人都喜欢去城东那家比较有名的咖啡馆喝咖啡，原因是这家咖啡馆有极具特色的冰滴咖啡。这种冰滴咖啡每天限量10杯，价格为180元一杯。有位客人第一次来这家咖啡馆，要求咖啡师推荐一杯最具特色的咖啡，刚好咖啡馆还剩下一杯冰滴咖啡，于是咖啡师向客人推荐这款咖啡。客人心想，不就是一杯咖啡嘛，为什么价格如此之高，于是，他就和咖啡师说："能否说出一个理由，让我想去喝这杯咖啡？"

图3-61　冰滴咖啡

冰滴咖啡与其他普通的意式咖啡、手冲咖啡等相比，最大的技术特点是什么？应该怎样向客人解释这杯咖啡之所以如此昂贵的原因呢？

● 任务描述

利用冰滴咖啡壶制作冰滴咖啡，并不时关注冰水的融化程度，不断调节冰水的下滴数量。

● 相关知识

冰滴咖啡起源于欧洲，最初由荷兰人发明，亦称“荷兰咖啡”（Dutch Coffee），通过自然渗透水压，调节水滴速度，使用冷水慢慢滴滤而成，在5℃的低温下萃取8小时甚至更长时间，让咖啡的原味自然体现。冰滴咖啡最大的优点为不酸涩，不通过加热萃取，大大减少了咖啡液中咖啡因的含量，使得咖啡更加有利于饮用者的健康。

一、了解冰滴壶冲煮法的工具

冰滴壶分为上壶、中壶、下壶。上壶盛装冰块或冰水混合物，并附带一个类似水龙头的水流调节装置；中壶通常为圆桶型过滤器，底部需放入丸形滤纸隔离咖啡粉，末端为螺旋形玻璃管；下壶为承接咖啡液的玻璃器具。另外，为了固定三个壶，通常有一个木制台架，用于衔接上、中、下壶。

图3－62　冰滴壶

二、认识冰滴壶冲煮法的原理及特点

简单地说，冰滴咖啡就是上壶的水滴入盛咖啡粉中壶，由下壶承接萃取出来的冰咖啡。原理是借助咖啡本身与水的兼容性，通过冷凝和自然渗透水压，调节水滴速度，萃取时间长达约8小时，一点一滴地萃取而出。冰滴壶所萃取出的咖啡味道，当然会随着咖啡烘焙程度、水量、水温、水滴速度、咖啡研磨粗细度等各种因素的不同而改变。随着各种因素的不同，萃取出不同的冰滴咖啡。

由于这种萃取法是低温萃取，很难溶解出致苦的单宁酸等成分，因此萃取出来的咖啡没有杂味，味道温和、清淡爽口。在一般的咖啡厅中，冰滴咖啡的价格是普通咖啡价格的3倍，而且要事先预约才能喝到。

三、 了解适合冰滴壶所使用的咖啡豆研磨度和烘焙度

冰滴壶所选用的咖啡豆研磨度比中度研磨稍细，粗度研磨将更难用冰水萃取出咖啡豆的风味，烘焙度则根据个人喜欢的口感来选择，没有特别要求。深焙豆喝出浓烈醇厚的口感；浅焙豆品尝出果酸的明亮度与花果香气。前者滴完后若立即饮用，通常略苦且无特色，待发酵一至两天后，会出现酒香似的发酵感，浅焙豆则适合实时饮用。

● 任务实施

步骤一： 材料与器具的准备。

（1）适量的纯净水和冰块。
（2）选用新鲜的咖啡豆，并在冲煮前将其磨成粉末。
（3）一套冰滴壶，包括上壶、中壶、下壶、冰滴壶台架、滤纸。
（4）手冲壶一个。
（5）咖啡量匙一只。
（6）湿抹布一条。
（7）秒表一个。
（8）电子秤（量取咖啡豆）一台。
（9）咖啡杯一套。
（10）磨豆机一台。

步骤二： 取粉—固定中壶

称取大约 10g 新鲜咖啡豆，进行中细研磨。把湿润的圆形滤纸平铺在中壶底部，并倒入研磨好的咖啡粉，将中壶侧边轻拍几下，可将咖啡粉表面调至整平，再把中壶固定在台架上。

图 3－63　向中壶倒入咖啡粉

图 3－64　使咖啡粉平整

步骤三： 调节水流—湿润咖啡粉

（1）关闭水滴调节阀，把上壶固定在台架上，往上壶放入冰块和水，总量控制在100～120mL（应先放冰块，不可直接注入沸水，应放入冷水；如有加冰块，应扣除等量的水，以免水量过多，造成萃取过度。因滴漏时间较长，放入适量冰块时，可分开放入，保持低温萃取，如此风味更佳）。

图3-65 向上壶加水

（2）注水加冰完成后，打开调整阀开关，调节滴漏速度。先以每秒2滴左右的速度让水滴入下方中壶，将咖啡粉和滤纸充分浸润。

图3-66 打开调整阀

图3-67 上壶水缓缓滴入咖啡粉表面

步骤四： 调整流速—等待萃取过程

待咖啡粉的滤纸被湿润后，调整调节阀，借助秒表计时，把水滴速度控制在每分钟 40 滴，开始匀速萃取，每 2 小时调整一次流速。在水滴落的过程中，会看到中壶下方的蛇形滴漏管的尽头慢慢有咖啡液滴出，滴入其下的咖啡壶内。（水滴流速过快，咖啡粉上有积水现象，容易溢出，进而导致咖啡的萃取不足，造成味道过淡。水滴流速过慢、温度较高、滴漏时间较长时，使得咖啡发酵，产生酸味及酒味）

图 3－68　调整流速

步骤五： 完成萃取

（1）漫长的冰滴壶咖啡制作过程将会延续下去，直至上壶的冰水混合物滴过中壶，继而落入下壶，整个萃取过程结束。

图 3－69　咖啡液流到下壶

（2）在饮用前将咖啡装入密封容器中继续发酵2~3天，这样风味会更佳。

图3-70　倒入杯中饮用

步骤六：服务

一般推荐直接饮用无添加的冰滴咖啡，也可根据客人要求将做好的冰滴咖啡加上适量的牛奶、鲜奶油、蜂蜜、炼奶、焦糖浆或糖浆等，做成花式咖啡。

步骤七：用具清洗

（1）小心地把上壶取出，并用清水冲洗干净，擦干，放回台架上。

（2）轻轻拍动中壶，倒掉咖啡粉，再把滤纸取出，充分冲洗中壶，可用温水浸泡，使螺旋滴管的咖啡液完全被冲洗干净，然后晾干，放回台架。

● 拓展知识

冰滴壶冲煮法的操作要点

（1）控制滤纸的品质，切忌破洞、污损甚至受潮，以免影响咖啡的风味。

（2）为了使冲泡时咖啡流量的速度不变，活栓部位要保持松弛。

（3）在漫长的滴滤过程中，最好每隔一段时间检查一下滴滤速度，以免因为滴滤速度过快或过慢影响了咖啡的风味。

（4）上壶可以选择加冰，也可以单纯以冷水滴滤，但在气温较高的情况下，则必须在上壶加入冰块，以免萃取时因气温高而造成咖啡酸败。

（5）如果一次制作较多的冰滴咖啡，可以将咖啡置于密闭的器皿中，放在冰箱的保鲜层，分次饮用。

（6）使用冰滴壶制作咖啡，因无加热过程，萃取难度较大，因此咖啡的研磨度一定要尽量细一点，以便充分萃取。

（7）倘若不喜欢冰咖啡，可以在冰滴咖啡制作出来后再加热饮用。

参考文献

[1] Jon Thorn. 咖啡鉴赏手册 [M]. 杨树译. 上海：上海科学技术出版社，2000.

[2] 蒋馥安. 经典咖啡　113 道不可错过的冰热咖啡 [M]. 沈阳：辽宁科学技术出版社，2002.

[3] 许心怡，林梦萍. 遇见一杯好咖啡 [M]. 北京：中国建材工业出版社，2005.

[4] 高碧华. 品味咖啡 [M]. 北京：中国宇航出版社，2003.

[5] 小池康隆. 经典咖啡手册 [M]. 顾方曙译. 南京：江苏科学技术出版社，2006.

[6] 林莹，毛永年. 爱上咖啡 [M]. 北京：中央编译出版社，2007.

[7] 王松谷. 咖啡·点心 [M]. 汕头：汕头大学出版社，2006.

[8] 郭光玲. 咖啡师手册 [M]. 北京：化学工业出版社，2008.

[9] Dr. A. Illy. *Espresso Coffee*：*The Chemistry of Quality*. Academic Press，1995.

[10] 柯明川. 精选咖啡 [M]. 北京：旅游教育出版社，2012.

[11] 日本成美堂出版编辑部. 享受香浓咖啡. 沈阳：辽宁科学技术出版社，2011.

[12] 韩怀宗. 精品咖啡学（上、下） [M]. 北京：中国戏剧出版社，2012.

[13] 王森. 浓情蜜意花式咖啡 [M]. 青岛：青岛出版社，2012.

[14] 藤田政雄. 闲品咖啡 [M]. 沈阳：辽宁科学技术出版社，2012.

[15] 李卫. 私享咖啡 [M]. 天津：百花文艺出版社，2008.

[16] 邱伟晃. 咖啡师宝典 [M]. 北京：中国纺织出版社，2010.

[17] 圣地淘沙咖啡西餐网，http：//www. senditosa. com.

[18] 咖啡小镇，http：//www. cafetown. com. cn/.

[19] 张粤华. 咖啡调制 [M]. 重庆：重庆大学出版社，2013.